室内功能空间
设计速查

理想·宅 编

中国电力出版社
CHINA ELECTRIC POWER PRESS

内容提要

本书主要展现了客厅、餐厅、玄关、过道、卧室、书房、厨房、卫浴间八个常见空间的设计，内容从家具分类、平面布局、顶地墙设计、软装搭配、照明组合等几个方面入手，详细介绍了每个空间的设计要点，并且为了能让读者理解得更加清楚，每个设计要点下面都搭配相应的实景图片和拉线。

本书使用了大量符合时下潮流的实景图，非常适合室内设计师、室内设计专业学生、从事家装行业的人员、对家装感兴趣的业主阅读与参考。

图书在版编目（CIP）数据

室内功能空间设计速查 / 理想·宅编 . — 北京 : 中国
电力出版社，2021.10
　ISBN 978-7-5198-5975-6

　Ⅰ.①室…　Ⅱ.①理…　Ⅲ.①室内装饰设计　Ⅳ.
① TU238.2

中国版本图书馆 CIP 数据核字（2021）第 181058 号

出版发行：中国电力出版社
地　　址：北京市东城区北京站西街 19 号（邮政编码 100005）
网　　址：http://www.cepp.sgcc.com.cn
责任编辑：曹　巍（010-63412609）
责任校对：黄　蓓　朱丽芳
装帧设计：锋尚设计
责任印制：杨晓东

印　　刷：北京九天鸿程印刷有限责任公司
版　　次：2021 年 10 月第一版
印　　次：2021 年 10 月第一次印刷
开　　本：889 毫米 ×1194 毫米　16 开本
印　　张：10
字　　数：281 千字
定　　价：58.00 元

PREFACE 前言

　　家装类的设计案例图典或图册一直是比较受欢迎的图书形式。对于读者而言,家居空间的设计知识,仅用枯燥的文字解说,很难让人持续阅读,并且理解上也会有难度。因此,相较于纯文字的讲解,实景图片加上简练的关键点提要,更适合喜欢快速阅读的当代人,而图片的展示也比文字讲解更有冲击力,也就更能给人留下深刻印象。

　　但不同的是,本书在图典的基础上,不忘对设计要点进行提炼。尽量做到精练出最实用的细部空间设计要点,并且根据设计要点,选择出相对应的实景图,向读者非常直观地展现设计点。本书共八个章节,客厅、餐厅、玄关、过道、卧室、书房、厨房、卫浴间,涵盖室内主要功能空间。内容上从整体的布局到细部的设计都进行了介绍,基本涵盖了空间设计的各方面。

　　本书不仅收录了大量设计案例作品,并且把每张图片都标注了常用材料或家具,同时还通过设计小贴士为广大读者提供了非常有价值的设计参考。

目 录

第一章 客 厅

客厅是一个家庭里活动最频繁、家庭成员参与度最高的公共生活空间，它承担着对外会客、对内家庭娱乐休闲的"职责"，同时也是一个向人展示居住者兴趣爱好、彰显居住者文化品位的窗口。

一、客厅的平面布局

1. 沙发 + 茶几是最简单的布置方式

　　沙发 + 茶几是最简单的布置方式，适合小面积的客厅。因为家具的元素比较简单，所以在家具款式的选择上，不妨多花点心思，别致、独特的造型能给小客厅带来富有变化的感觉。

√ 适用空间：面积小的客厅　　√ 适用装修档次：经济型装修

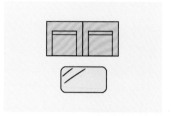

布局示意图

玻璃圆形茶几　　　皮质沙发

天鹅绒面布艺沙发　　　实木小圆几

布艺无脚沙发　　　木质镂空茶几

铁艺镂空茶几　　　布艺沙发

TIPS ▶ **沙发的合理布置尺寸**

　　在挑选沙发时，可依照墙面宽度来选择合适的尺寸。值得注意的是，沙发的宽度最好占墙面宽度的 1/3 ~ 1/2，这样，空间的整体比例才较为适中。高度不超过墙面高度的 1/2，太高或太低会造成视觉的不平衡。

① 宽度占墙面宽度的 1/3~1/2　② 高度不超过墙面高度的 1/2

2. 三人沙发 + 茶几 + 单体座椅简单但有变化感

三人沙发 + 茶几的形式太规矩，可以加上一两把单体座椅，这样既能打破空间的简单格局，也能满足更多人的使用。

√ **适用空间：面积小、面积大的客厅均可**

√ **适用装修档次：经济型装修、中等装修**

布局示意图

布艺无脚三人沙发　　石材茶几

布艺老虎椅　大理石圆形茶几　布艺沙发

实木茶几　　带铆钉三人沙发

现代组合茶几　　布艺三人沙发

圆形金属茶几　　曲线三人沙发

圆形茶几　　曲线三人沙发

3. L 形布局虽常见，但组合方式多

　　L 形是客厅家具常见的摆放形式，可以选择三人沙发 + 双人沙发组成 L 形，也可以选择三人沙发 + 两个单人沙发组成 L 形，多种变化的组合能让客厅更具个性。

√ **适用空间：面积大的客厅**

√ **适用装修档次：经济型装修、中等装修、豪华装修**

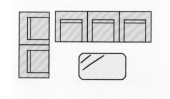

布局示意图

金属圆形茶几　　　弧形沙发

实木圈椅　　　　实木中式沙发

扶手单人座椅　　　大理石组合茶几

组合茶几　　L 形沙发

TIPS ▶ 茶几的合理布置尺寸

　　茶几摆放在触手可及之处固然方便，但要小心成为路障，因此合乎人体工学的茶几摆放位置尤为重要。布置时，茶几跟主墙之间最好留出 90 cm 宽的走道；跟主沙发之间要保留 30~45 cm 的距离（45 cm 的距离为最佳）。茶几的高度最好与沙发被坐时一样高，大约为 40 cm。

① 高度大约为 40cm　② 与沙发之间保留 30~45cm 的距离

4. 围坐式布局使交谈氛围浓郁

主沙发搭配两个单体座椅或扶手沙发组合而成的围坐式摆法，能形成一种聚集、围合的感觉。适合一家人一起看电视，或很多朋友围坐在一起高谈阔论。

√ **适用空间：面积大的客厅**

√ **适用装修档次：中等装修、豪华装修**

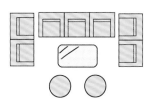

布局示意图

实木茶几　　　实木扶手椅

圆形茶几　　　皮质沙发

长榻　　　无脚沙发

实木单椅　　　矮凳

多功能茶几　　　躺椅

简练的圈椅　　　圆凳

5. 对坐式布局更适合年轻化家庭

　　将两组沙发对着摆放的方式不常见，但适合不爱看电视的人的客厅布置。面积大小不同的客厅，只需选择大小不同的沙发就可以了。这种布局便于家人、朋友间的交流。

√ 适用空间：**面积小、面积大的客厅均可**

√ 适用装修档次：**经济型装修、中等装修**

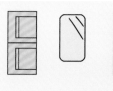

布局示意图

不规则茶几　　　　无脚沙发

石材茶几　　　　皮质座椅

高背座椅　　　　　弧线沙发

皮沙发　　　　大理石茶几

TIPS ▶ **座椅摆放应以提供生活便利为前提**

　　单人座椅美观实用，又不会占用过多空间，因此在客厅中的出现频率较高。传统的摆法是在沙发的两侧都放一张单人座椅，令整个空间看起来更整齐。另外，如果平时家里的来客较多，则可以摆放若干体量不大的圆凳，这样既不会造成视觉的杂乱感，也不会有拥挤感，还能让空间多些柔和的线条。

二、客厅的顶地墙设计

1. 顶面设计要以沙发组合为中心

客厅顶面设计主要以沙发组合的位置为中心，利用一定形状的吊顶，有效遮蔽顶面上的梁架结构，将空调设备、管线等恰好隐藏在造型里面；同时结合照明设计，配合整体的风格造型，使得空间看起来富有层次感，从而起到辅助划分空间区域，加强流线的视觉引导的作用。

金属装饰线

金属腿茶几

金属边几

金属壁灯

△ 顶面除了使用分层吊顶的形式外，还可以金属色的装饰线修饰，使顶面有层次感的同时，金属装饰线与客厅茶几、壁灯和边几的色彩、材质相呼应，看上去更有整体感。

实木地板　　实木线条　　实木茶几

布艺无脚沙发　简约实木茶几　简洁石膏板吊顶

2. 地面设计要与其他空间相关联

　　客厅的地面设计一般来说与玄关、餐厅相关联，采取统一的材质与设计方案。由于客厅加上餐厅、玄关的面积比较大，在住宅中占主体地位，因此，客厅地面设计将主导整个住宅的视觉效果。

水泥灰沙发　　　　　　　　地砖　　　　　仿古砖　　　　　　实木框架沙发

花岗岩地砖　　　　藤编吊灯　　　　实木复合地板　　　　布艺沙发

TIPS ▶ **地面铺设材料丰富**

　　　　地面铺设材料可选择的种类很多，如地砖、木地板、大理石等。除了常见的地面铺设材料，表现力丰富、质感舒适的地毯也成了客厅空间不可或缺的用品。

3. 墙面设计要适度装饰，以吸引人的视线

客厅的墙面设计中，最为重要的是背景墙的设计，它包含了电视背景墙和沙发背景墙。由于它们占据的面积较大，因此最吸引人的视线。设计时可以结合居住者的喜好、审美趣味以及室内风格，遵循"适度装饰"的原则进行设计。

01 **电视背景墙是客厅的核心区域**

电视背景墙是居室背景墙装饰的重点之一，通常是为了使电视区不过于空旷，同时起到装饰的作用。客厅电视背景墙设计可以采用手绘墙、收纳墙形式，或是留白加装饰画的处理方式，和整体的风格一致即可。

砖墙　　　　　　　　　　　　　　木饰面板

实木电视储物柜　　　　　　　　　木饰面板

实木地柜　　　　铁艺置物架

实木柜　　　　　石材墙砖

02 沙发背景墙不要用过多材料堆砌

沙发背景墙的设计可以突出一点，以此来吸引人的注意力。用一些居住者喜爱的、符合室内风格的装饰品点缀，或是利用硬装造型修饰，都是不错的选择。但是不要试图用过多的元素来堆砌，否则会让人感觉很压抑。

石膏线墙面 　　　　　　　挂镜装饰

花纹壁纸 　　　　　　　石膏板造型

储物柜 　　　　　　　大理石墙砖

◁ 如果室内储物面积有限，可以将沙发背景墙设计成整面的储物柜形式，有柜门的地方用于收纳物品，无柜门的地方用于摆放工艺品，同样也能起到装饰作用。

TIPS ▶ **区分主题墙和其他墙面**

想要把主题墙与其他普通墙面的层次拉开，可以利用材料和颜色的对比，比如，整面都用墙纸或采用一个颜色，或整面都用同一种材质。通俗地说，就是形状上还和别的墙一样，只是用颜色、材质来区分。

三、客厅的软装搭配

1. 茶几要和沙发互补并形成对比

选定沙发为空间定位风格后，再挑选茶几的颜色、样式，使二者匹配，就可以避免桌椅不搭调的情况。最好选择和沙发互补，又能形成对比的茶几。例如，休闲感极强的美式真皮沙发，可搭配款式厚重的茶几；自然舒适的布艺沙发，可搭配北欧简约风格的木质小茶几、小型玻璃茶几等。

▷ 深灰色布艺沙发虽然颜色低调，但是造型具有欧式复古感，弯曲的扶手使沙发的整体气质显得优雅，给人简约而不简单的精致感。搭配相同色调的木质框架和玻璃组合的茶几，既现代又古典。带有雕花的茶几腿契合沙发的优雅感，而下方镂空设计带来的现代感，更是与沙发相呼应。

欧式花纹扶手椅　　实木镂空茶几　　布艺无脚沙发　　金属边几

个性皮质沙发　　个性玻璃茶几

大气的实木沙发　体积较大的实木茶几

> **TIPS** ▶ **茶几材质要与空间中其他家具材质相呼应**
>
> 若是购买独立的茶几，则要留意其材质是否出现在客厅中的其他地方。例如，选择了大理石台面的茶几，但家中并没有相同材质的物件，会造成单一材质突兀地出现在空间中，与客厅空间难以协调。

2. 电视柜风格要与其他陈设一致

电视柜是客厅不可或缺的装饰部分，在风格上要与空间其他陈设保持一致。常见的电视柜造型分为矮柜式、悬挂式、组合式和隔断式，可以根据空间的特点和居住的需求决定电视柜的样式。

矮柜式电视柜
最常见、样式最多

▷ 客厅中使用比较多、最常见的是矮柜式电视柜。它有全封闭的储物空间，可随意移动位置，款式、风格多样，能够根据室内风格随心选择，占用空间也相对较小。

纯色乳胶漆背景墙　　实木矮柜式电视柜

实木花纹矮柜式电视柜　木饰面板背景墙

纹理造型顶面　　细脚矮柜式电视柜

TIPS ▷ **电视柜常规尺寸选择**

　　一般电视柜的长度要比电视机的长度至少长 1/3，这样才可以带来比较舒适的视觉感。电视柜的高度在 40~60cm 之间，这样，人坐下来时，视线刚好与电视的中点位置水平。

① 长度比电视机的长度至少长 1/3　② 高度为 40~60cm

02

悬挂式电视柜
可节省空间

▷ 电视柜悬挂在墙上，既节省了空间，又提升了储物能力，同时也比较方便清洁。但是其承载力较差，不能摆放或收纳太多或太重的物品。

实木背景墙　　实木悬挂式电视柜

▷ 悬挂式电视柜的装饰性超过了实用性，但对于面积较小的客厅而言，其能够节省空间。

灰色水泥板背景墙　　灰色悬挂式电视柜

个性现代感背景墙　造型简约的悬挂式电视柜

水泥灰背景墙　　开放悬挂式电视柜

03 **组合式电视柜具有实用的收纳功能**

地柜＋置物架组合电视柜

实木组合电视柜

整体储物柜式组合电视柜

书柜式组合电视柜

射灯组合　　　　　组合电视柜

整体电视柜　　　　　开放式边柜

04 隔断式电视柜划分空间

▽ 隔断式电视柜作为背景墙，既划分了功能区，又与整个空间融为一体，隔
而不断，在视觉上也起到了扩大空间的作用。

大理石隔断电视柜　　　　　　　　　　　　　大理石茶几

铁艺置物架　　　石材隔断电视柜

石材面板背景墙　　隔断式电视柜

3. 地毯色彩应结合空间来考虑

　　客厅是人频繁走动的地方，最好选择耐磨、耐脏的地毯。同时，地毯的形状要与家居合理搭配。其中，方形长毛地毯非常适合铺在低矮的茶几下面，使现代客厅富有生气。圆形地毯给原本方正的客厅增添了灵动感。不规则形状的地毯比较适合铺在单张椅子下面，能突出椅子的造型。

01 面积较小的客厅最好使用方形地毯

方形花纹地毯　　　　　　　　　　　　　　纯色沙发

02
面积较大的客厅选择圆形、方形地毯均可

▷ 客厅面积比较大，并且空间线条比较直，可以选择与沙发相同色系的圆形地毯为空间增添灵动感。

米色圆形地毯　　米灰色弧形沙发

橙色菱形图案地毯　　橙色背景墙板

米色长绒地毯　　米色布艺沙发

黑色渐变圆形地毯　黑色弧形沙发

圆形地毯　　圆形吊顶

4. 窗帘尽量与沙发相协调

　　客厅窗帘的材质、色彩应尽量与沙发相协调，以达到整体氛围的统一。如果想营造自然清爽的客厅氛围，可以选择轻柔的布质面料；如果想营造雍容华贵的客厅氛围，可以选择丝质面料。客厅的光线如果比较强烈，可以使用厚实的羊毛混纺、织锦缎料窗帘，以抵御强光；相反，如果光线不足，可以选择薄纱、薄棉等窗帘布料。

深色布艺窗帘　　　　　　　深蓝色布艺沙发　　　　　　灰色布艺沙发　　　　　　灰色布艺窗帘

中式纹样抱枕　　　　　　　中式纹样窗帘　　　　　　欧式花纹罗马帘　　　　　　欧式花纹沙发

TIPS ▶ **窗帘长度的计算**

　　窗帘一般选择对开的形式，一片窗帘的长度为罗马杆或轨道的 1.8~3 倍不等，一般 2 倍就能够形成好看的褶皱。

窗帘长度为轨道长度的 2 倍

5. 装饰画数量宜精不宜多

　　客厅中的装饰画通常挂在沙发背景墙上，数量不用太多，一般不超过 3 幅。客厅的大小决定了装饰画的尺寸，大客厅可以选择尺寸大的装饰画，从而营造一种开阔大气的意境。小客厅可以多挂几幅尺寸较小的装饰画作为点缀，如果想营造大气感，可以通过选择大幅装饰画、画面适当留白的方式，来降低视觉的压迫感。

白色立体装饰画　白灰色沙发

黑框装饰画　　黑色抱枕

金属动物摆件　金属框动物装饰画

黑白三联画　　灰色沙发

TIPS ▶ **装饰画的布置尺寸**

　　装饰画的总长度不可小于沙发的 2/3，悬挂高度最好是画面中心位置距地面 1.5m 处。如果选用组合画进行装饰，每幅画大概相隔 5~8cm。

①间隔 5~8cm　②长度为沙发的 2/3　③悬挂高度 1.5m

6. 摆放工艺品时要注意尺度和比例

　　客厅的工艺摆件要精心挑选，不仅要与室内风格相符，也要彰显出居住者的个性与品位。例如，简约风格的客厅可选择造型简洁、坚硬材质的摆件；中式风格的客厅可以选择仿古款式的摆件进行布置。工艺摆件之间最好能有一定联系，可以是材质相同、色彩相同、造型相似等，这样比较有"成套"感，不容易出错。

金属果盘　　金属烛台

铁艺钟表装饰　　铁艺烛台

金属框动物装饰画　　木质鸟笼装饰

玻璃花瓶　　陶瓷摆件

金属果盘　　金属烛台

实木中式摆件　　粗陶花瓶

四、客厅的照明组合

1. 挑高型客厅常见照明组合

客厅的照明设计，层级变化很多，为了满足不同的功能需要，不仅要考虑会客时照明的明亮度，也要考虑娱乐时照明的光影变化。因此，客厅内的主光源，往往硕大明亮，辅助照明的点光源则种类多样，光影斑驳。对于不同的客厅类型，其照明设计又有着不同的设计形式，比如，挑高型客厅注重纵向空间的照明等。

高纵深主灯
＋
筒灯
＋
装饰性射灯、灯带

▷ 高纵深水晶吊灯照明均匀，不会出现局部明亮或昏暗的情况；筒灯适用于大面积客厅，用于吊灯不能覆盖区域的照明；吊灯发白光，装饰性灯带就要设计为白光；吊灯发暖光，装饰性灯带同样要设计为暖光；点光源如射灯、筒灯，都需要选择大功率的，这样才能避免灯光对地面的家具产生影响。

筒灯　　　　　　　　高纵深水晶吊灯　　　　　　窗帘槽灯带

02

装饰性主灯
+
简单的补光照明

▷ 带有诸多装饰设计的吊灯，往往出现照明亮度不足的情况。因此，这种吊灯一定要设计在采光好的空间中，以便利用自然光补充灯具照明。

鱼线吊灯　　　　筒灯　　　嵌入式灯带

多头枝灯　　　落地灯

灯带　　　　水晶片吊灯

水晶吸顶灯　　对称台灯

铁艺吊灯　　　　　　铁艺壁灯

2. 一体式客餐厅常见照明组合

一体式客餐厅的照明设计，可以选择相同的吊灯或吸顶灯作为主光源，使两个空间相呼应。但是也要注意保持客餐厅两个空间各自的独立性，因此，灯光的设计可以有所变化。比如，客厅的墙面可以用筒灯进行局部照明，突出背景墙的装饰；而餐厅照明要以餐桌为主，保证氛围的营造。

01 **主灯区分**

客厅吊灯

餐厅吊灯

▷ 对于没有独立餐厅的居室而言，一体式客餐厅可以使居室看上去更宽敞、明亮。但为了让两个空间相对独立，可以选择不同的灯具，这样的区分方式相较于其他硬性分隔方式，不会破坏居室的宽敞感，但要注意，主灯最好选择材质或色彩相同。

白色单头吊灯　　　　　　　　白色多头吸顶灯

组合吊灯　　　　　　　　吸顶灯

02 主灯相同 + 筒灯 / 射灯分隔

◁ 如果室内装饰元素比较多，想保持顶面的简约感，那么一体式客餐厅可以选择相同款式的灯具，让空间相互呼应，两个空间之间可以用筒灯等比较简单的灯具作为分隔。

水晶烛台灯   筒灯

水晶吸顶灯   明装式筒灯

台灯   筒灯

TIPS ▶ **避免客厅阴暗的照明方法**

　　阴面客厅或自然采光不好的客厅容易使人产生压抑感，因此可以利用合理的照明设计来达到扬长避短的目的。比如，补充入口光源，或利用日光灯等光源映射在顶面和墙上，也可以将射灯照射在装饰画上，起到增补光线的作用。

第二章 餐厅

现代餐厅除了传统、基本的就餐功能，往往还是家庭交流聚会的场所，成为客厅的延伸和扩展，也是客厅与厨房之间的过渡和衔接。因此，餐厅的功能越来越多元化。

一、餐厅的平面布局

1. 独立式餐厅餐桌椅居中放置

　　独立式餐厅需要注意餐桌、椅、柜的摆放与布置须与餐厅的空间相结合，如方形和圆形餐厅，可用圆形或方形餐桌，最好居中放置。但如果餐厅狭长，可靠墙或在窗边放一个长餐桌，桌子另一侧摆上椅子，空间会显得大一些。

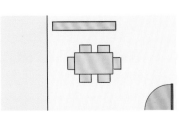

布局示意图

√ 适用空间：面积大的餐厅　　√ 适用装修档次：中等装修、豪华装修

深棕实木圆桌　　深棕实木餐椅

实木长凳　　　　实木餐椅

实木餐桌　　　　天鹅绒餐椅

实木圆形餐桌　　皮质扶手餐椅

TIPS ▶ **根据人数和空间面积选择餐桌椅**

　　餐桌椅占餐厅面积的百分比主要取决于整个餐厅的面积，一般来说，餐桌大小不能超过整个餐厅的1/3。餐桌的形状以方桌和圆桌为主，餐桌的标准高度在750~790mm，而餐椅的高度则在450~500mm。

① 餐桌高度 750~790mm　② 餐椅高度 450~500mm

2. 一体式客餐厅注意设计协调

　　餐厅和客厅之间的分隔可采用灵活的处理方式，可用家具、屏风、植物等做隔断，或只做一些材质和颜色上的处理，总体要注意餐厅与客厅的协调统一。一体式客餐厅的餐厅面积不大，餐桌椅一般靠墙布局，灯光和色彩可相对独立，餐桌椅以外的家具较少，在设计规划时应考虑到使用的多功能性。

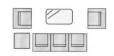

√ **适用空间：面积小的餐厅**　　√ **适用装修档次：经济型装修、中等装修**

布局示意图

浅木色餐桌　　　　　　　　　　浅木色茶几

大理石面餐桌　　　藤编餐椅

黑色吊灯　　直线条黑色餐桌

棕色玻璃茶几　　　棕色实木餐桌

金属色餐椅　　　金属色饰面板

灰白色沙发　　　灰白色餐椅

3. 一体式餐厅—厨房能充分利用空间

这种布局能使上菜快捷方便，也能充分利用空间。值得注意的是，烹调不能破坏进餐的气氛，就餐也不能使烹调变得不方便。因此，两者之间需要有合适的隔断，或控制好两者的空间距离。另外，餐厅应安装集中照明灯具。

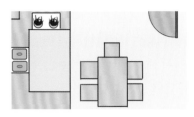

√ **适用空间：面积小、面积大的餐厅均可**

√ **适用装修档次：经济型装修、中等装修、豪华装修**

布局示意图

浅木色吊柜　　　　　　　　浅木色餐桌

木纹橱柜　　　　　　　　实木餐椅

金属餐桌　　　　　　　　金属餐椅

皮质餐椅　　金属餐椅

TIPS ▶ **餐桌椅周围留出通行距离**

　　一体式餐厅—厨房的餐桌椅布置时也要保证椅子能顺利拉出，因此至少要预留出 330mm 的空隙。而椅子与橱柜或其他家具之间至少保持 580mm 的距离，可以让一个人通过。

二、餐厅的顶地墙设计

1. 顶面设计应与餐桌椅布置相呼应

原则上，餐厅的顶面设计应与餐桌椅的摆放方式与形态相呼应，一般来说，顶面设计中心也应该根据餐桌的中心或者轴线来设计，顶面的布局围绕此轴线或者中心来展开。

圆形顶面
+
圆形餐桌

▷ 圆形顶面有着醒目的装饰效果，再搭配上圆形造型的灯具，呼应着圆形的餐桌，给人一种优雅、华丽的感觉。

镂空餐桌   高背餐椅

02 方形顶面 + 方形餐桌

大理石餐桌　　皮面高背餐椅

黑色方餐桌　　皮质餐椅

长形实木餐桌　　造型餐椅

长形石材面餐桌

TIPS ▶ **长方形餐桌尺寸由餐厅面积和用餐人数决定**

　　一般来说，用餐时一个人占据的餐桌桌面大小约为40cm×60cm。依照这个尺寸标准，在选择餐桌时可按照使用人数，大致确定桌面尺寸。

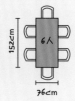
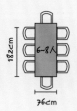

2. 地面设计注意与其他空间衔接

　　餐厅的地面设计以呼应顶面设计为原则，以餐桌椅为设计中心，同时要与其他空间衔接，尤其注意与走廊的衔接，色彩和材质与整体的设计效果要协调。

米棕色强化地板　　　　　　　　　米色地砖

深棕色强化地板　　　　　　　　　水泥灰地砖

实木复合地板　　　木饰面板　　　　仿古砖　　　　　复古花砖

TIPS ▶ **餐厅地面选择耐磨、易清洗材质**

　　　　在材料方面，餐厅地面宜选择易清洁的防水材质，一般可选用大理石、瓷砖、木地板等，要特别注意与走道和客厅的地面相衔接。

3. 墙面设计可融入收纳功能

不论独立式餐厅还是与其他空间合并的餐厅，都要注意与周围空间的整体效果取得协调统一。餐厅的墙面设计不需要像客厅一样抢眼，可以在墙面设计餐柜或酒柜，给餐厅增加收纳空间。

石膏线墙面造型　挂镜装饰　　　　　　　　　　　白色餐桌　　白色搁板

铁艺置物架　　　　拱形墙面造型

深棕色木纹饰面板　　　浅木色饰面板　　　　　　　挂镜装饰　　实木餐柜

三、餐厅的软装搭配

1. 餐桌大小应是餐厅面积的 1/3

当餐桌的大小是餐厅面积的 1/3 时，餐厅的整体设计更具美感和协调。同时，这种比例下，餐桌可以最大化地满足多人同时使用的需求。若餐桌大小超出了这种比例，餐厅会非常拥挤，不便行走；若餐桌大小小于这种比例，餐厅就不具有饱满的视觉效果，显得空旷且缺乏设计感。

◁ 餐桌的大小最好不超过餐厅面积的 1/3，同时要注意留出足够的通行距离。

　　　　大理石餐桌　　金属餐椅

实木餐椅　　　　实木板式餐桌

实木餐桌　　　　实木餐椅

TIPS ▶ **餐厅视听墙与餐桌椅的距离要适当**

　　如果在餐厅中设计视听墙，则要与餐桌椅保持一定距离，以保证观看的舒适度。如果无法保证像客厅一样超过 2m，至少也要保证超过 1m。

2. 餐桌椅造型与室内风格统一

　　餐桌、餐椅的造型种类繁多,最好根据居室的整体风格进行选择。例如,现代风格的居室,适合选用造型简单的板式餐桌;欧式风格的居室,适合选用带有雕花的餐桌和圆形靠背餐椅。这样,空间之间才能协调统一,看上去不会显得突兀。

01　现代风格餐厅

简洁造型的餐椅

板式餐桌

△ 现代风格餐厅注重突出鲜明的个性,但对比强烈的色彩容易影响用餐情绪,所以选择淡色调的红蓝对比,以突出现代风格的前卫感。选择造型简单的餐桌椅,可以突出现代风格简洁利落的线条造型,给人干净、爽快的感觉。

简约造型餐椅　　直线条板式餐桌

板式圆餐桌　　造型扶手餐椅

02 古典风格餐厅

雕花桌腿

雕花椅腿

△ 古典风格餐厅需要富贵又华丽的氛围，因此硬木雕花的欧式餐桌搭配天鹅绒面餐椅，显得格外优雅与精致。与墙面的欧式花纹壁纸和罗马帘相呼应，营造欧式古典韵味。

雕花皮面餐椅   实木雕花餐桌

铆钉高背餐椅   硬木雕花餐桌

3. 餐边柜类型根据餐厅形态决定

　　餐边柜也是收纳柜的一种，常用来收纳餐具、酒水、纸巾等物品，也可以放置一些小物件，方便日常取用。餐边柜的类型较多，可以根据餐厅的位置、大小来进行选择。面积较小的餐厅，可以考虑嵌入式餐边柜；而开放式餐厅可以选择隔断式餐边柜。

01　低柜式餐边柜

　　低柜式餐边柜能降低视觉重心，具有放大空间的功能，使空间的视野更加开阔。这类餐边柜很适合摆放在餐桌旁，高度与人坐下时的高度差不多，便于拿取东西。柜面上还可以摆放一些装饰物件。

深色低柜式餐边柜　　　　　　　深色餐桌　　　　　　开放式实木餐边柜　　　　　　实木餐桌

中式餐边柜　　　　　　　实木餐桌　　　　　　深木色餐边柜　　　　　　深木色餐桌

02 半高式餐边柜

半高式餐边柜沿袭了低柜式餐边柜的台面功能，有全封闭和半开放两种样式，一般半高式餐边柜上柜做成开放式，便于常用物品的拿取；下柜做成封闭式，储存不常用的物品。

实木半高餐边柜　　　　　　　　　　　　　　实木餐桌

大理石餐桌　　　　　　　玻璃门餐边柜

法式雕花餐桌　　　　　　金色雕花半高餐边柜

03 整墙式餐边柜

一柜到顶的设计利用了整面墙，不浪费任何空间，同时增加了收纳空间。中间镂空、上下封闭的样式比较常用，但也可以根据需要选择其他样式。

石纹整墙餐边柜　　　石纹餐桌

白色整墙餐边柜　　　白色板式餐桌

实木板式餐桌　　　实木整墙式餐边柜　　　白色实木整墙餐边柜　　　白色实木餐椅

04 隔断式餐边柜

将餐边柜作为隔断,既省去了餐边柜摆放占用的空间,又能让室内更具空间感与层次感,避免空间的浪费。对于一体式客餐厅的居室而言,想要分隔两个空间,又不想占用过多空间,可以选择这种隔断式餐边柜。

镜面隔断式餐边柜　　　　　　铆钉高背餐椅

石材装饰线　　　　　　　　　石材隔断式餐边柜

05 嵌入式餐边柜

嵌入式餐边柜或将柜体嵌入墙体，或将餐桌嵌入餐边柜。如果客厅空余墙面有限或有凹位墙，可以设计嵌入式餐边柜，这样不仅可以使墙面统一美观，也能节省空间，增加储物空间。

黑色餐桌　　黑色嵌入式餐边柜

浅木色嵌入式餐边柜　　浅木色餐桌

灰色绒面餐椅　　中部镂空嵌入式餐边柜

大理石餐桌　　嵌入式餐边柜

黑色餐桌　　灰色嵌入式餐边柜

4. 窗帘花色尽量简洁以免影响食欲

　　窗帘的花色尽量选择简洁，否则会影响人的食欲。材质上可以选择一些比较薄的化纤材料，比较厚的棉质材料容易吸附食物的气味。

深棕色餐桌椅　　　　深色拼色窗帘

中式造型餐椅　　　　中式纹样窗帘

大理石餐桌　　　　白色轻薄窗帘

圆形实木餐桌　　　　纯色窗帘

TIPS ▶ **餐厅窗帘色彩、纹样要与空间整体风格统一**

　　餐厅窗帘的色彩和纹样的选择，首先要和空间的整体风格统一，例如，欧式风格选择带有欧式花纹的罗马帘，现代风格选择纯色棉麻窗帘，等等，这样才能使空间之间紧密联系起来。

5. 花艺选择要与整体风格和色调一致

花艺可以对餐桌起到很好的装饰作用。对于圆形餐桌，可以将花艺摆放在中央位置；对于方形餐桌，除了中央位置，也可以摆放在偏向黄金分割点的位置。花艺的选择要与居室的整体风格、色调一致，选择黄色、橙色的花艺可以起到增进食欲的作用。选择水果题材的花艺，也别有风味。

▷ 餐桌上的花艺风格可以根据室内风格选择，色调上可以与其他软装相呼应，这样整体看上去更协调。

红色装饰画　　　红色花艺　红色窗帘

玻璃花器　　　　欧式花艺

格纹桌布　　　　干花花艺

TIPS ▶ **餐厅花艺大小不超过桌子面积的1/3**

餐厅的花艺数量不宜过多，大小不要超过桌子面积的 1/3，也不宜过高，以免挡住对面人的视线，高度在 25~30cm 比较合适。

花艺高度在 25~30cm

四、餐厅的照明组合

　　餐厅内的照明设计，主要以餐桌为中心来布置，大的原则是中间光线亮，逐渐地向四周扩散而减弱。同时，餐厅的主灯往往选择下吊很低的吊灯，其目的是将光源集中在餐桌上，被灯光照射的菜肴，能增加人们的食欲，使人进餐时心情愉悦。

01 造型主灯组合

拼色餐椅　　多头吊灯

仿古吊灯　　仿中式餐椅

黑色造型吊灯　　藤编餐椅

欧式礼帽吊灯　　欧式花纹桌旗

▷ 当餐厅面积较小，且层高不高时，做跌级吊顶会显得压抑，可以选择一组具有造型感的主灯，安装在餐桌上方，这样既可以照明，也能营造出个性氛围。

02

高亮度主灯
+
围合式灯带

▷ 独立式餐厅的面积一般较大，因此内部需要设计高亮度的主光源，使主灯的照明可以覆盖空间内的每一处角落。围合式灯带设计，有方形、圆形以及椭圆形等形式，具有较高的装饰性，与主灯相结合设计效果良好。

欧式多头吊灯　　　圆形围合灯带

灯带　　　　　　鱼线吊灯

金属吊灯　　　围合式灯带

礼帽吊灯组合　　　围合式灯带

围合式灯带　　　礼帽吊灯

第三章 玄 关

　　玄关俗称门厅，是住宅的进出口，也是来访者首先进入的空间，玄关的设计在家居中是极为重要的。玄关作为来访者的"第一个空间"，日渐受到重视。利用玄关妥善地收纳每双鞋、每把伞，同时也兼顾与整个空间的连贯性。

一、玄关的平面布局

1. 独立式玄关自成一体

独立式玄关以中大户型较多，一个自成一体的玄关区域显得大气庄重，因此不宜放置大的鞋柜，而建议保留空间感。选一款精致的玄关桌或者有品位的收纳型矮柜，可以很好地兼顾美观和实用的需求。

√ 适用空间：面积大的玄关　　　　√ 适用装修档次：中等装修、豪华装修

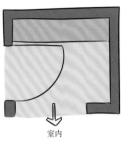

室内
布局示意图

欧式雕花玄关柜　　石材拼花地面

装饰玄关柜　　　　　　　珠线帘

造型玄关柜

TIPS ▶ **独立式玄关空间分隔注意完整性**

独立式玄关一般出现在较大住宅户型中，一些大空间的别墅甚至可以将玄关处理成门厅的形态，形成客厅的前奏。独立式玄关在做空间分隔时，要注意尽量保持玄关空间的完整性，可以在与其他空间的交界处设置视觉通透的屏风或隔墙，使得形成明确的空间分区的同时，也能保持空间的连贯性与良好的视觉引导性。

2. 包含式玄关不宜过于复杂

包含式玄关在户型设计时并没有明确地限定玄关的区域和形态，直接包含于客厅中。在设计时，只需稍加修饰即可，不宜过于复杂、花哨。

布局示意图

√ **适用空间：面积小的玄关**　　　　√ **适用装修档次：经济型装修**

简约餐桌椅　　　　　　　　简约玄关柜

多功能实木鞋柜　　　　　　实木电视柜

白色换鞋凳　　　　　　嵌入式玄关柜

描银边实木玄关柜　　花卉壁纸

简约造型收纳柜　　　独立式玄关矮柜

玄关装饰镜　玄关置物搁板

3. 邻接式玄关适合嵌入式家具

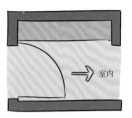

布局示意图

邻接式玄关与室内直接相通，中间经过一段距离，因为纵深有空间感，不妨好好利用两侧的空间，这个时候，嵌入式玄关收纳柜就极其实用，庞大的收纳空间可以很好地收纳鞋子和各种杂物。

√ **适用空间：面积小的玄关**　　　　√ **适用装修档次：经济型装修**

实木复合地板　　　　嵌入式实木玄关柜

换鞋凳　　　　装饰吊灯

整墙式玄关柜　　　　镜面装饰

嵌入式换鞋凳　　　　镜面装饰

> **TIPS** ▶ **嵌入式玄关柜要考虑墙体承重**
>
> 嵌入墙面的玄关柜设计，适用于比较深的墙体，且要充分考虑到墙体的承重，这样才可以保证嵌入式玄关柜有足够的空间，保证安全。另外，如果想要在视觉上隐蔽柜体，建议选用和墙壁颜色相似的材质，使得墙面看起来和谐流畅。

4. 隔断式玄关与其他空间区分

　　很多户型没有多余的空间再做一个玄关，但作为室内与室外的一个过渡连接，为使室内空间不被一览无余，这时可以采用半隔断式玄关柜、镂空木格栅等作为隔断，其装饰效果较好。

布局示意图

√ **适用空间：面积小的玄关**　　　　　√ **适用装修档次：经济型装修**

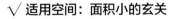

中式花艺　　金属格栅

实木玄关柜　　　　　木质格栅

定制隔断柜　　　　嵌入式玄关柜

定制实木隔断柜　　　　实木餐桌

镂空式玄关柜　　　工艺摆件

竹木卷帘　　　实木玄关柜

二、玄关的顶地墙设计

1. 顶面设计与客厅吊顶结合设计

除了独立式玄关，其他类型的玄关面积都不太大，所以顶面的设计不宜过于复杂，避免显得拥挤。但不管哪种类型的玄关，顶面设计都要与客厅的吊顶设计相呼应，不论材料还是造型、色彩都要以客厅吊顶设计为主。

井格式吊顶

护墙板

▷ 由于没有独立的玄关空间，所以为了使空间看上去大一点，顶面统一设计了井格式吊顶造型，风格上贴合美式风格的特点，统一的顶面造型，使两个空间之间整体性增强。

石膏线多层吊顶　　装饰性玄关柜

造型吊顶　　拼花地面

2. 地面可与客厅区分设计

　　由于玄关是家居的入口，使用频率较高，所以应当保持清洁。可以选择铺设与客厅颜色不同的地砖，或者用拼花地砖拼成一个完整的图案，使玄关空间独自形成一体。玄关地面材质铺贴方法有仿古砖斜铺、大理石拼花铺贴波打线走边、地砖斜铺夹深色小砖加波打线走边、双色地砖相间铺贴等。

▷ 玄关面积比较大，地面采用色彩相同但是拼接设计不同的方式，这样不会破坏室内整体感，又能与其他空间区分开。

石材拼贴地面　　　　圆形顶面造型

实木地板　　　　嵌入式玄关柜

黑白色地砖拼接　　　镜面吊顶

3. 墙面设计以收纳为主

　　玄关的面积不大，但对储物收纳的要求较高，因此墙面的设计可以收纳柜为主。如果玄关的面积足够大，那么，可以着重装饰效果，对墙面进行设计，从而吸引人的视线。

中式镂空隔断 中式玄关柜

护墙板　　　　　　　　　　嵌入式玄关柜

木饰面板　　　嵌入式玄关柜

纯色乳胶漆　　　嵌入式玄关柜

TIPS ▶ **玄关墙面配色和材料选择应合理**

　　玄关墙面色调是视线最先接触的地方，最好选择中性偏暖的色系。并且要选择合适的材料，这样才能起到"点睛"作用。一般玄关墙面常用的材料有木材、夹板贴面、雕塑玻璃、喷砂彩绘玻璃、镶嵌玻璃、玻璃砖、镜屏、不锈钢、塑胶饰面板以及壁毯、壁纸等。

三、玄关的软装搭配

1. 玄关柜不应设置在打开的门后

玄关柜是放置物品的地方，具有一定的储物功能，通常都会设置在大门入口的一侧，具体由大门开启的方向来定。一般玄关柜应放在大门打开后空白的那面墙边，而不应藏在打开的门后，这样不方便拿取东西。

实木换鞋凳　　实木鞋柜　　　　　　　　　　组合式玄关柜　　护墙板

纯色换鞋凳　　拼色嵌入式玄关柜　　　　　　中部镂空玄关柜　　陶瓷砖铺装

2. 玄关柜款式应根据室内面积选择

玄关柜的款式多样，常见的有矮柜式玄关柜、半隔断式玄关柜和到顶式玄关柜。如果入门处的走道狭窄，到顶式玄关柜是最佳选择，此处的玄关家具应少而精，避免拥挤和凌乱。

01 矮柜式玄关柜

矮柜式玄关柜，一般柜体造型性强，极具装饰性，在成品柜中较常见。可在柜体上面摆放花艺或工艺品，墙面可搭配挂画装饰。

中式矮柜式玄关柜　中式风格装饰画

抽象油画　拼色矮柜式玄关柜

TIPS ▶ **矮柜式玄关柜的布置尺寸**

矮柜式玄关柜宽度可根据所利用的空间宽度合理设计，但层板间的高度通常为 150mm 左右，这样才能放进去鞋；层板间的深度可根据家里最大码的鞋子长度确定，一般为 350~400mm，整个玄关柜的高度不要超过 800mm。

① 层板深度 350~400mm

② 层板高度 150mm 左右

③ 整体高度不超过 800mm

02 半隔断式玄关柜

半隔断式玄关柜上面一般用透明或半透明式屏风，这样既可以增强客厅的空间感、私密感，又不影响客厅的通风透光。

格栅镂空　下镂空底柜

▷ 上部分隔断、下部分柜子的半隔断式玄关柜不仅解决了收纳问题，又能保证玄关的采光，不破坏居室的整体感，还能保护好室内隐私。

金属隔断　　现代感玄关底柜

编藤吊灯　　　实木半隔断式玄关柜

TIPS ▶ **半隔断式玄关柜隔断高度应适中**

半隔断式玄关柜隔断高度不宜太高或太低，而要适中。若太高，会有压迫感，也会阻挡屋外之气，从而隔断了来自室外的新鲜空气或生气。间隔太低，则失去了分隔的效果。因此，玄关分隔以 2m 的高度最为适宜，隔断下面的柜子，高度 88cm 左右。

03 到顶式玄关柜

到顶式玄关柜一般下面是鞋柜，上面是储物柜，中间留 30~40cm 放小型装饰物或灯具；或采用半敞开式设计，留出部分隔断以摆放装饰品。

工艺摆件　　　模压板柜门

百叶柜门　　　实木展示柜

彩绘玻璃装饰　　　到顶式玄关柜

到顶式玄关柜　　　人字形木地板铺贴

3. 装饰画通常挂一幅即可

玄关属于家居中主要的交通空间，空间通常不会太大，所以装饰画尺寸不宜过大，选择能反映家居主题的图画为佳，可以悬挂，如果有柜子或几案，也可以搭配花艺或工艺品组合摆放。装饰画的题材、色调以吉祥愉悦为佳，并与整体风格协调搭配。数量上通常挂一幅画即可，尽量大方端正。

中式装饰画　　中式绿植

深木色玄关柜　深木色边框装饰画

抽象装饰画　　个性摆件

金属边框装饰画　金属摆件

TIPS ▶ **玄关挂画高度**

　　玄关装饰画的悬挂高度以平视点在画的中心或底边向上 1/3 处为宜。

以平视点在画的中心或底边向上 1/3 处为宜

4. 地毯要能耐磨损、防滑

　　玄关的地毯除了可以作为进入室内的缓冲，也可以是玄关的装饰元素。利用地毯的图案和色彩，弥补玄关的缺陷，从而起到良好的装饰作用。玄关地面常有人走动，因此可以选择腈纶、仿丝等化纤地毯，其比较耐磨损，也保养方便。地毯的背部最好有防滑垫或胶质网布，避免滑倒或绊倒。

实木雕花玄关柜　　　　　编藤地毯

实木色嵌入式玄关柜　　　长条形纯色地毯

长条形条纹地毯　　　纯色嵌入式玄关柜

TIPS ▶ **玄关地毯的空间改善作用**

　　如果玄关空间较小，地毯的尺寸最好能大一点，并且有扩展视觉印象的图案。要想使空间变大，还要学会充分利用线条和颜色，横线线条、明快的颜色都能起到很好的放大效果。

5. 玄关应注意花艺体积

　　玄关花艺主要摆放位置为鞋柜、玄关柜或几上方，高度应与人的视点等高，主要展示的应为花艺的正面，建议采用扁平的体量形式。花艺和花器的颜色根据玄关风格选择即可。另外，玄关空间有限，要注意花艺的体积，如果玄关面积小，则不适合选择体积大的花艺。

复古造型圆桌　欧式花艺

猫脚玄关柜　长枝花艺

黄色点状花艺　蓝色玻璃花器

镜面玄关柜　长枝花艺

欧式花艺　实木雕花玄关柜

中式雕花玄关柜　小巧花艺

四、玄关的照明组合

玄关为入户的第一处空间，通常为半敞开式。在照明设计中，通常会设计一款小巧的吊灯或吸顶灯，其应有丰富的造型变化，以起到丰富玄关设计内容的效果。这种吊灯或吸顶灯的尺寸较小，下吊距离较低，但照明亮度充足，光影变化丰富。

01 **暖光装饰吊顶 / 吸顶灯**

▷ 玄关的面积一般不大，仅用一盏吊灯就能满足照明的需求，暖色光给人温暖、舒适的感觉，打开门时给人营造放松、愉快的氛围。

嵌入式玄关柜　　　　暖光水晶吊灯

02 装饰吊灯 + 筒灯 + 灯带 / 壁灯

高背椅　　　　　水晶吊灯　　　　　整墙装饰画

石材拼花　水晶吊灯

垭口造型　仿古灯

03

筒灯
＋
柜下灯

嵌入式玄关柜　　　吊灯

皮面玄关柜　　　　　　　　　镜面装饰

大理石地砖　　　　　　大理石墙砖

第四章　过　道

住宅的过道是水平方向上联系和通往各个空间的交通路径，是划分不同空间并保持其活动私密性的空间媒介，也是住宅设计风格的统一和延续，同样也是提升空间品质的重要因素。

一、过道的平面布局

1. 封闭式且狭长的过道最常见

过道的一端封闭，因此可在过道末端做观景台，也可以借助造型打破格局，如做弧形边角处理，增加墙面变化来吸引注意力。

白色乳胶漆墙面　　白色石材地面

格栅顶面　　石膏板造型墙面

嵌入式收纳柜　　装饰画

欧式装饰柜　　仿古砖地面

TIPS ▶ 过道长度最好不超过房子总长度的2/3

过道不宜超过房子长度的三分之二。过道不宜占用面积太大，过道越大，房子的使用面积自然会越小。过道不宜太窄，宽度通常为90cm。这样的过道可供一人通过，若两人同时通过，还会稍嫌窄，因此130cm是最为合适的。

宽度90cm（一人通过）或130cm（两人通过）

2. 开放式且宽敞的过道重点设计顶面、地面

即使是较为宽敞的过道，也不能仅通过墙面设计来吸引人的视线，因为这会增加拥挤感。可以从顶面和地面来区分它的空间，做顶面、地面造型或材质的呼应，也可以在地面做地花引导，来凸显过道的功能。

木饰面板墙面　　　　大理石拼花地面

石材地面　　　　藤编柜门装饰柜

实木装饰柜　　　　实木吊顶

嵌入式收纳柜　　　　石膏线装饰吊顶

3. 半开放式且宽敞的过道墙面可做设计

半开放式过道一般不会出现拥挤的问题，因此可以将墙面作为设计重点，通过材质的凹凸变化，丰富的色彩和图案等增强过道的动感。

大理石墙面　　　　水晶吊灯　　　　　　　　　　　　仿古砖地面　　　　实木整墙收纳柜

吊灯　　　　玻璃隔断　　　壁纸墙面　　　　半隔断式装饰柜

二、过道的顶地墙设计

1. 顶面设计要与其他空间衔接自然

一般，过道中会有很多梁与管线，顶面设计的一大功能就是合理遮蔽梁架结构、隐藏管线，所以，过道的顶面对客厅和餐厅来说是一个转折的位置，要想衔接得自然，就要避免突兀的造型。

玻璃隔断　　　平吊顶

石材地面　　　平吊顶

立体墙面造型　　　多层吊顶

多层吊顶　　　拼花地面

TIPS ▶ **根据玄关面积进行顶面设计**

过道面积大的居室，可以根据走廊的具体形态做一些层次性设计，或根据两旁空间的变化做一些横向的节奏变化。过道面积小的居室，基本以连续的平吊顶为主，以增强空间的整体感。

2. 地面设计要与相连空间有视觉联系

　　过道的地面设计首先要遵循保持空间畅通的原则，尽量在顶面和墙面上做文章，而简化地面造型设计，使地面保持平整，只是在色彩和图案上做些变化。过道的地面通常与外部空间有一定的视觉联系，材质多用实木、大理石、瓷砖等，如使用石料的拼花铺贴，要注意用收边线处理好各个房门间的关系与中轴对称关系，使得过道的空间保持一定的视觉完整性。

▷ 客厅与过道均使用石材进行铺装，但不同颜色的石材可以起到区分空间的作用，相同的材质又不会让空间的分隔感过重，反而使两个空间在紧密联系中又有着变化性。

石材地面　　　木饰面板墙面

装饰画　　　石材地面

木地板地面　　　亚克力灯罩灯具

TIPS ▶ **玄关地面最好选择耐磨材料**

　　作为家中经常有人走动的空间，玄关的地面材料在保证与整体风格、其他空间统一的前提下，最好用耐磨、易清洁的材料，选择带有花纹的地砖或使用木地板时，花纹最好横向排布，以扩大空间。

3. 墙面设计避免过大造型压占空间

过道的墙面设计最好不要做太大的造型，避免有压占空间的感觉，或影响正常的行走。一般采用连续的材质设计，使空间产生连贯性。

01 墙面装饰视觉上缩短过道长度

可以将与过道相连接的墙面做成装饰墙，然后在上面添加一个层架，在上面摆放工艺品，使得整个过道显得不那么沉闷，更加有灵动感。还可以在过道的尽头设置端景台，与墙面呈现出良好的装饰效果，让人忽略过道狭长的问题。

装饰画　　　　金属装饰线

嵌入式收纳柜　　　　谷仓门

装饰画　　　　石材踢脚线

亚克力灯罩灯具　　　　装饰画

02 玻璃墙面增加采光

很多户型的采光不是很好，这样会让房屋过道显得更加阴暗。在设计过道的时候，可以将墙面的材质换成玻璃，以暗花纹路的玻璃最好。其既可以装饰空间，又可以使得整个过道显得亮堂，延伸了空间的视觉效果，可谓一举两得。另外，还可以在对面墙上挂装饰品或摆放工艺品，使得房屋过道更显文雅。

▷ 过道的自然采光较差，除了使用高照度的灯具，设计整墙的镜面在增补光线的同时，还能扩大空间，给人明亮、宽敞的感觉。

玻璃墙面　　　　　多色拱形顶面　　　　竖向拼接地板

三、过道的软装搭配

1. 装饰柜装点过道空间

过道尽头常用装饰柜 + 装饰画、摆件等的组合，来丰富空间，塑造空间意境。为了避免空间显得拥挤，过道装饰柜不注重收纳作用，但样式、造型要精致，最好与整体风格协调搭配。

美式实木装饰柜　　仿古砖

雕花装饰柜　　大理石拼花地砖

中式扇形墙饰　中式实木装饰柜

布面装饰柜　　花纹隔断

> **TIPS** ▶ **过道装饰柜的色彩选择**
>
> 在过道整体背景环境色较轻的情况下，可以考虑采用颜色较重的装饰柜将整个空间的重心下移，形成较好的视觉层次感。

2. 装饰画数量不宜多，题材应简洁

过道是人通行的地方，不适合停留太久，所以装饰画的选择不必太贵重，以轻质、不易掉落为佳。装饰画的题材简约一些，构图和色彩保持一致，可以稍微突出一点，从而吸引人的视线。由于过道较窄长，所以装饰画不宜太大、太多，否则会给人以压迫感。

▷ 过道狭长，想减轻带给人的压迫感，可以将人的视线集中于装饰画上，因此，装饰画的选择可以较周围环境稍微突出，但是主题、色彩要与空间风格统一。

工艺油画　石材拼花地面

抽象装饰画　仿石材地砖

日式樟子门　浮世绘主题装饰画

TIPS ▶ **留白处理可以使过道更显宽敞**

为了使过道看起来更宽敞，可以采用留白的方式。留白，顾名思义，就是留下相应的空白。如果将这种手法运用到家居设计中，不仅可以从视觉和心理上给人留有余地，还非常吻合如今流行的"可持续发展"概念。"留白"手法在家居设计中非常适用于像过道这种小空间，既可以在视觉上拓宽维度，又能为家居环境塑造出整洁的"容颜"。

四、过道的照明组合

过道的照明设计最重要的是行走的安全性，除了整体的照明，还要有光照到过道尽头的墙面上，这样可以让人看到过道的尽头。

01 均匀分布的筒灯照明

可以将与过道相连接的墙面做成装饰墙，然后在上面添加一个层架，可以在上面摆放工艺品，使得整个过道显得不那么沉闷，更加有灵动感。还可以在过道的尽头设置端景台，与墙面呈现出良好的装饰效果，让人忽略过道狭长的问题。

▷ 过道的一侧采光较好，因此可以在阳光照射不到的一边均匀排布筒灯以照亮墙面，这样可以保证过道整体有均匀的照度。

一侧均匀分布筒灯　　　推拉门隔断

均匀排布的筒灯　　　石材拼花地面

均匀排布的筒灯　　　屏风隔断

02 照明筒灯组合 + 补光灯带

　　由于筒灯的照明特点决定了吊顶的灯光接受很少，因此在大面积的过道空间中可设置造型吊顶，利用照明筒灯组合 + 补光灯带，来提升吊顶的整体亮度。

暗藏灯带　　　　　　　金属墙饰　　　　　　花砖地面　　　　　　暗藏灯带

装饰挂镜　　　铁艺吊灯　　　　挂盘装饰　　　水晶吊灯

第五章　卧　室

卧室是住宅中最具私密性的房间，这就要求在设计时要符合隐蔽、安静、舒适等要求。卧室的功能很多，主要功能是睡眠和休息，因而在设计时要注意区分功能点，并合理布置家具，在保持便利性的同时，也使居住者身心愉悦。

一、卧室的平面布局

1. 正方形小卧室中，床摆在中间

　　一般 10m² 左右的卧室，床可以放中间，将衣柜的位置设计在床的一侧。如果要用双人床的话，要预留三边的走动空间，这种摆设比较容易实现。

√ **适用空间：面积小的卧室**　　　√ **适用装修档次：经济型装修、中等装修**

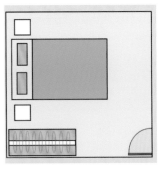

布局示意图

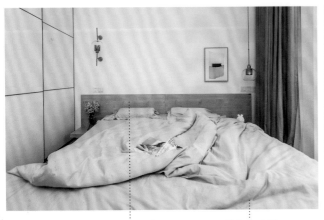

实木双人床　　　　　纯灰色床品

做旧实木床头柜　　　做旧高背床

实木装饰柜　　　　高背绒面单人床

水泥灰背景墙　　　多功能床头柜

TIPS ▶ **床一侧衣柜预留位置的尺寸**

　　将衣柜设计在床的一侧时，至少要预留出 50~60cm 的距离，方便人通行和拿取东西。如果床与衣柜之间还要放床头柜，则要另外预留出 40~60cm 的距离。

① 床到衣柜的距离 50~60cm　　② 床头柜的宽度 40~60cm

2. 横长形小卧室中，床靠墙摆放

若卧室小于 10m²，则建议将床靠墙摆放，衣柜靠短的那面墙摆放，这样可以节省出放置梳妆台或书桌的空间。同时，可采用收纳型床或榻榻米，这样床底可用来存放棉被等物品，做到把收纳归于无形。避免因为太多杂物而干扰动线。

√ **适用空间：面积小的卧室**

√ **适用装修档次：经济型装修、中等装修**

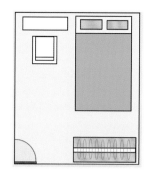

布局示意图

白色床品　　　　白色成品衣柜

漫射吊灯　　　　实木地板

隔板收纳　　　个性一体式床头

粉色乳胶漆墙面　　白色护墙板

一体式书桌——衣柜　　条纹床品

榻榻米床　　　实木吊柜

3. 横长形大卧室可规划休闲空间

若卧室的空间超过 16m²，可把衣帽间规划在卧室角落或卧室与卫浴间的畸零空间里；也可利用 16m² 的大卧室隔出读书空间或者休闲空间。一般，卧室内的间隔最好采用片段式墙体、软隔断或家具来分隔，这样能最大限度地保证空间的通透性。

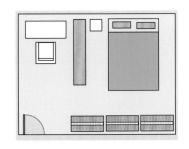

布局示意图

√ **适用空间：面积大的卧室**

√ **适用装修档次：经济型装修、中等装修、豪华装修**

实木简约床头柜　　实木简约双人床

嵌入式床头收纳柜　　无色系床品

灰色石膏板造型墙　　皮质双人床

金属色花器　　金属色台灯

TIPS ▶ **床头最好靠墙**

床头最好靠墙，切记不能靠窗，倘若床头不靠墙，那么至少也得有一个床头板，这样不至于使头部悬空，除此以外，床头最好不要背靠卫浴间或厨房，否则容易影响人的健康。

二、卧室的顶地墙设计

1. 顶面设计宜简不宜繁

　　卧室的吊顶宜简不宜繁、宜薄不宜厚。做独立吊顶时，吊顶不可与床离得太近，否则人会有压抑感。卧室吊顶色彩以统一、和谐、淡雅为宜，对局部的颜色搭配应慎重，过于强烈的对比会影响人休息和睡眠的质量。常用乳胶漆、多彩喷塑、壁纸等材料进行设计。

多头吊灯　　　平面吊顶

金属装饰线　　　三次吊顶

悬吊顶面　　　石膏雕花

木饰面板　　　拱形吊顶

> **TIPS** ▶ **卧室顶面设计由整体风格决定**
> 　　卧室的顶面设计主要依据卧室整体风格，而在符合整体造型需要的前提下，以床为视觉设计中心，制造一些简洁的层次，特别注意的是，如果床体上方有梁架穿过，就要利用吊顶设计合理加以遮蔽，将顶面处理成柔和的平板效果。

2. 地面设计符合静音、洁净要求

卧室地面设计一般以简化处理为原则，以衬托整体设计风格，做大块面的材料铺贴，符合卧室静音、洁净的居住要求。大多数卧室地面选择的地板，不论实木地板还是强化地板，与各种风格都能搭配，但要注意地板的颜色。另外，用瓷砖铺贴卧室地面也很常见，镜面砖可以大大提高房间的亮度，适用于采光不好的卧室。

拼色书桌　　　　　　　　　浅木色地板　　　　　　深木色地板　　　　　　　硬包背景墙

开放式衣柜　　　　　　　　石纹地砖　　　　水泥灰地砖　　　　　　　几何图案地毯

实木收纳柜　　　原木地板　　　　　　　　实木收纳柜　人字形拼贴地板

3. 墙面设计可以"移植"到客厅

　　卧室背景墙的主要手法就是将客厅装修设计"移植"过来。配色上，以宁静、和谐为主旋律。材料的选择范围很广，任何色彩、图案、冷暖色调的涂料、壁纸均可使用；但值得注意的是，面积较小的卧室，材料选择的范围相对小一些，小花、偏暖色调、浅淡的图案较为适宜。同时，要考虑卧室墙面材质与卧室家具材质和其他饰品材质的搭配，以使整体配置具有美感。

▷ 通过特殊的图案设计使背景墙变得立体，同时也更吸引人的注意力，简单的几何图案设计，与卧室的现代感吻合。

仿旧木地板　　鱼鳞造型背景墙　　　　直线条布面双人床　　　　　　　纯色窗帘

中式图案石膏板造型

流苏边窗帘　　　　　硬包造型

TIPS ▶ **卧室墙面设计重点在于床体后墙**

　　卧室墙面的设计重点在床体后墙，以及床体后墙对面的墙面。无论何种风格的卧室，视觉中心都在床头、床尾对应的两个墙面上，适当地做些与整体风格相协调的设计，能增强设计趣味，但不宜大费周章地做造型，以免破坏休息氛围。

三、卧室的软装搭配

1. 床与卧室内的家具，宜形成互补搭配

当床选择实木材质的款式时，卧室内的其他家具宜选择与床同样色调或纹理的材质，这样可以保证卧室设计的统一性，床的设计美感也能体现出来。若纹理和材质不一致，也应具有协调感，否则，卧室整体会显得杂乱，无论床的造型多么精美，都无法体现出来。

黑棕色实木框架床

黑棕色实木床头柜

黑棕色实木床尾凳

黑棕色实木衣柜

△ 卧室的整体色调以黑棕色和米色为主，家具的色彩也以这两个色为主要配色。卧室的整体风格偏新中式风格，所以家具的造型都带有仿古造型，或是以中式纹样修饰。

实木曲线床头　实木柱形床头柜

皮质双人床　皮质床尾凳

2. 床的风格要与背景墙呼应

床的风格多样，而最能体现床风格的便是床头板。床头板与床头背景墙可以说是卧室空间的视觉焦点。因此，床头板的选择要与居室的整体风格、卧室背景墙相协调，避免用中式风格的床头板搭配欧式风格的背景墙，从而使卧室氛围变得不伦不类。

简约壁纸背景墙　　　　直线条实木床

欧式高背床　　　　石膏板＋玻璃背景墙

中式墙饰　　　　镂空造型床头

中式图案金属板背景墙　　　　中式仿古台灯

皮面床头　　　　花卉图案壁纸

壁纸＋石膏板造型背景墙　　　　实木四柱床

3. 根据使用需求选择床头柜款式

如果床头柜不需要收纳很多东西，可以选择单层的床头柜，这样不会占用空间；如果需要收纳的东西较多，可以选择带有多个陈列格架的床头柜；如果卧室面积足够大，可以选择封闭收纳式床头柜，看上去更整洁一点；如果卧室面积较小，可以只放一个设计感较强的床头柜，以减少单调感。

▷ 圆柱形床头柜小巧灵活，不会占用过多空间，又能给空间增添柔和感。储物的空间不大，但是装饰效果较强。

圆形吸顶灯　　　　　圆柱形床头柜

实木复古床头柜　　　　实木复古双人床

圆形金属床头柜　　　　金属坐椅

TIPS ▶ 卧室床头柜常规尺寸

床头柜的大小约为床的 1/7，常规宽度为 40~60cm，深度为 30~45cm，高度为 45~76cm。

① 宽度 40~60cm　　② 深度 30~45cm　　③ 高度 45~76cm

4. 布置衣柜前应先明确好室内其他固定家具的位置

衣柜是卧室中占空间比较大的家具之一，衣柜的正确摆放可以让卧室的空间分配更加合理。在布置衣柜前，应该先确定好室内其他大型家具的位置，然后再选择衣柜的位置。

01 嵌入式衣柜

将衣柜嵌入墙体当中，让衣柜成为房间的一部分，可以最大限度地利用了卧室空间，特别是在不规则的卧室空间中，其收纳优势可以发挥到最大限度。

实木床头柜　　　　　中部镂空嵌入式衣柜

实木床　　　　　嵌入式推拉门衣柜

水墨装饰画　　　　　中式嵌入式衣柜

镂空造型床头　　　　玻璃门衣柜

嵌入式衣柜　　造型灯具

木色床品　　　　　实木嵌入式衣柜

02 成品式衣柜

　　成品式衣柜样式比较多，可以选择与卧室风格一致的。购买时需要先测量好尺寸，定制完成后再搬入卧室当中。一般成品式衣柜比较环保，衣柜内部空间可以根据需求设计。

▷ 白色成品衣柜的柜门采用百叶的样式，这与双人床的床头造型相呼应，再搭配白色的床头柜，整体氛围优雅清新。

复古成品衣柜　　　　欧式梳妆台

▷ 半开放式衣柜可以摆放装饰摆件，为空间增添装饰性。柜门封闭的部分可以收纳生活用品、衣物等，这样不会给人凌乱的感觉。

成品衣柜　　　　纯棉床品

实木双人床　　　实木成品衣柜

皮面造型床头　　　简约式衣柜

03 隔断式衣柜

对于没有明确分区的居室而言，利用隔断式衣柜可以分隔出独立的卧室区域，也可以增加室内收纳能力。隔断式衣柜可以采用双面开门的设计，方便取用物品。衣柜的颜色不要与其他装饰形成太大反差，否则，整个空间给人的感觉会不协调。

▷ 卧室空间较大，可以满足分隔出独立区域的要求。将睡眠区与盥洗区用隔断式衣柜隔开，形成两个相对独立的空间。衣柜能收纳衣物，这样节约空间的同时也增加了空间储物功能。

隔断式衣柜　玻璃柜门　　实木地板

▷ 由于空间整体色调为白色，即使使用衣柜将卧室分隔开，也不会给人以拥挤感，白色衣柜反而能与空间融合起来。半开放式结构，降低了衣柜的笨重感，同时也能充当衣帽架。

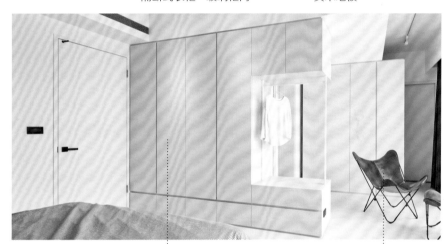

隔断式衣柜　　　　　　棕色坐椅

▷ 黑色衣柜与黑色背景墙相呼应，视觉上自然给人墙体的感觉，玻璃柜门使黑色衣柜不会显得过于沉闷，给卧室增添了层次感。

花纹壁纸　　　　玻璃门隔断式衣柜

5. 床尾凳具有较强的装饰性和实用性

　　床尾凳最初起源于西方，因此，它在欧式风格的卧室中比较常见，适合用在面积较大的空间中。现代设计中，床尾凳由于具有较强的装饰性和实用性，所以也常被运用在欧式风格以外的其他设计风格中。

实木雕花双人床　　　　　　实木床尾凳

椭圆形皮面床尾凳　　　　　皮面双人床

皮面高背双人床　　　　皮面拉扣床尾凳

绒布床尾凳　　　　　　　硬包床头

TIPS ▶ 卧室床尾凳常规尺寸

　　卧室床尾凳尺寸通常由床的大小决定，高度一般与床头柜齐高。最常见的尺寸有 1200mm × 400mm × 480mm，也有 1210mm × 500mm × 500mm 和 1200mm × 420mm × 427mm。

6. 床品样式要呼应风格主题

床品首先要与卧室的风格保持一致，简约风格的卧室宜选择纯色、几何图案的床品；欧式风格的卧室可以选择颜色较明亮的床品，其图案以欧式花纹为主。

01 简约氛围的床品

颜色以纯色为主，面料多为棉麻材料，不带图案或仅用最简单的几何图案修饰。常用于现代简约装饰风格、日式装饰风格、北欧装饰风格。

▷ 卧室的整体风格偏现代风，所以选择纯色床品搭配条纹床套，素雅中带着简约质感。

条纹地毯　　　　纯棉靠枕　　条纹床套　　　直线条石膏板背景墙

02 奢华氛围的床品

颜色以金色、紫色、棕色为主，一般多用提花面料。大气的大马士革图案、丰满的褶皱、精美的刺绣都是常用的元素。常用于欧式古典装饰风格、法式宫廷装饰风格、美式乡村装饰风格。

欧式花纹

缎面床套

△ 卧室为欧式装饰风格，所以不论家具还是布艺、灯具，都呈现出古典韵味。床品以缎面材料为主，光滑的表面能给人精致、优雅的感觉，加上欧式纹样的点缀，奢华的欧式风情便被突显出来。

大花图案床品　金漆雕花双人床

罗马帘　　　　缎面床品

03 传统氛围的床品

颜色多变，不局限于中式木色、白色、棕色的搭配，用料可以是棉麻，也可以是缎面。图案还是以传统中式纹样为主，小面积地进行点缀，给人以含蓄之美。常用于中式装饰风格。

棉麻棕灰色
靠枕

棉麻棕灰色
床旗

流苏装饰靠枕

△ 卧室整体的氛围非常素雅、传统，是带有传统中式韵味的新中式装饰风格。因此，床品选择了白色与棕灰色的组合，给人以稳重又干净的感觉，其中，以传统的流苏造型、竹叶图案作为点缀，契合了传统韵味。

中式纹样地毯　　中式纹样靠枕

水墨山水背景墙　中式纹样靠枕

04 自然氛围的床品

颜色多源于自然，如绿色、黄色等。面料一般为棉麻材料，图案则以自然界的动植物为主。常用于田园装饰风格、地中海装饰风格、东南亚装饰风格。

花纹壁纸　　　　　格纹床品

花卉图案靠枕　　　花卉图案床品

白色四柱床　海洋图案床品

做旧收纳柜　　　　植物图案床品

花卉壁纸　　　　　格纹床品

7. 窗帘颜色、图案要与床品相协调

卧室窗帘的颜色、图案要与床品相协调，以实现室内软装与整体装饰相协调。为了使居住者睡眠品质更高，卧室适合选择遮光性佳且隔声效果较好的窗帘，例如植绒、棉麻等材料。

01 老人房窗帘色彩宜庄重素雅

一般来讲，老人房的用色以暖色为主。窗帘的色调应选自然景色系，如蓝灰、绿灰、米黄等柔和的色调，给人一种舒适感。大多数老人房采用中色系，太冷的色系容易让老人产生孤独寂寞感。

▷ 卧室的整体氛围较为素雅，选择素色的窗帘和床品，更能塑造出平和的感觉。

素色窗帘　　　　　　　　　　　　　素色床品

▷ 老人房的配色一般比较素雅，一般以米色、棕色为主色，而窗帘的色彩可以根据床或背景墙色彩来选取，这样能够让空间更有整体感，不会显得凌乱。

米棕色背景墙　　　　　　　　　　　米棕色卷帘

浅色窗帘　　　　　　深色双人床

灰色窗帘　　　　　　灰色床品

02 儿童房窗帘可以选择可爱的卡通图案

儿童房窗帘可以选择色彩比较鲜艳明快的款式，但是婴儿房最好选择淡雅的纯色，以营造宁静平和的氛围。

纯棉沙发　　　　　　　　　条纹窗帘

拉扣高背床头　　　　　带流苏纯色窗帘

铁艺单人床　　　　　　　　拼色窗帘

船舵造型收纳格　　　　卡通图案卷帘

卡通图案壁纸　　　　　　几何图案窗帘

卡通人物壁纸　　　　　　几何图案窗帘

8. 装饰画的数量不宜过多

　　卧室的整体氛围宜柔和、舒适，所悬挂的装饰画配色和画面不宜过于个性、刺激，以淡雅、舒适的款式为最佳。装饰画悬挂的最佳位置是床头墙或床头对面的墙壁，数量不宜过多，单幅或 5 幅以内最佳。儿童房悬挂的装饰画尽量不要选择抽象类，题材以健康生动的卡通、动物、动漫等为主。

实木双人床　实木框装饰画

实木床头　装饰画组合

蓝色系窗帘　　蓝色系装饰画

抽象画组　几何图案靠枕

TIPS ▶ **卧室装饰画布置位置**

　　在悬挂时，装饰画的位置以底边离床头靠背上方 15~30cm 处或顶边距离顶部 30~40cm 最佳。

① 底边离床头靠背上方 15~30cm　②顶边距离顶部 30~40cm

四、卧室的照明组合

卧室是休息的地方，除了提供护眼的柔和光源，更重要的是以灯光的布置来缓解白天沉重的生活压力。卧室照明应以柔和为主，可分为照亮整个室内的吊顶灯、床灯以及低的夜灯。

01 整体照明建议使用间接照明方式

卧室里使用间接照明方式，能够避免光线直接进入眼睛，刺激视觉，破坏安静柔和的氛围。

上照光台灯　　　　　漫射吊灯　　　　　　　　　　灯带　　　　　　　下照式吊灯

水晶吸顶灯　　　　筒灯　　　　　　　　上下发光台灯　　　　　　灯带

漫射落地灯　　　　　漫射吊灯　　　　　　　　　　台灯　　　　　　内嵌式灯带

02 床头照明可设计在背景墙中

床头照明一般指床头柜上的台灯，如果房间没有多余的空间摆放床头柜，或者想让墙面更加立体，可以考虑在背景墙上设计照明灯光，也可以考虑用小吊灯代替台灯，实现床头照明。

▷ 背景墙造型中嵌入灯带，可以突出墙面设计，赋予造型立体感，也能为卧室增强光线。

暗藏式灯带　　　　下照式台灯

▷ 从背景墙顶部向下照射光线，用遮板挡住光线以形成间接照明，这样，即使人躺下来，光线也不会刺激眼睛。

造型台灯　　　　内嵌式灯带

金属墙饰　　　　对称吊灯

造型吊灯　　　　暗藏式灯带

03 射灯烘托气氛

卧室背景墙常有比较突出的设计，需要射灯来烘托气氛。但是在布置时需要注意，应使射灯的光线尽量照在墙面上，否则，人躺在床上的时候会觉得刺眼。

射灯　　装饰吸顶灯

组合射灯　　漫射台灯

射灯　　皮面双人床

水晶吸顶灯　　　　金属台灯

水晶吸顶灯　　　　　　射灯

第六章 书 房

作为阅读、书写以及业余学习、研究、工作的空间，书房最能体现居住者习惯、个性、爱好、品位和专长。功能上要求创造静态空间，以幽雅、宁静为原则。同时要为主人提供书写、阅读、创作、研究、书刊资料收藏以及进行会客交流的条件。

一、书房的平面布局

1. 一字形最节省空间

一字形摆放是最节省空间的形式，一般书桌摆在书柜中间或靠近窗户的一边，这种摆放方式令空间更简洁时尚，一般搭配简洁造型的书房家具。

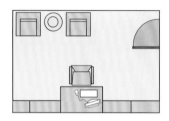

布局示意图

√ **适用空间：面积小的书房**　　√ **适用装修档次：经济型装修**

造型座椅　　整体式书桌

搁板　　壁挂式书桌

独立式书桌　实木吊柜

实木书桌柜　　鹿形收纳架

组合书柜　　壁挂式书桌

2. T 形适用于开间较窄、藏书较多的空间

将书柜布满整个墙面，书柜中部延伸出书桌，而书桌与另一面墙之间保持一定距离，以便人通过。这种布置适用于开间较窄、藏书较多的书房。

√ 适用空间：面积小的书房　　　　**√ 适用装修档次：经济型装修**

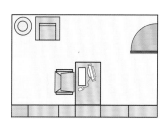

布局示意图

搁板置物架　　　　　平直造型书桌

中式仿古书桌

开放式置物架　　　平直造型书桌

实木书桌　　　开放式书柜

半开放式书柜　　　　平直造型书桌

半开放式书柜　　　　实木书桌

3. L 形可加入休闲区域

书桌靠窗放置，而书柜在旁边靠墙，这样的摆放方式方便取阅书籍，同时，中间预留的空间较大，可以作为休闲娱乐区区域。

√ **适用空间：面积大的书房**

√ **适用装修档次：中等装修、豪华装修**

布局示意图

开放式实木书柜　　　　　　实木书桌

开放式实木书柜　　　　　壁挂式书桌

描金漆书桌　　实木地板　　开放式实木书柜

置物搁板　　　封闭式收纳柜

壁挂式书桌　　　开放式书柜

4. 并列形适用于面积大的和面积小的书房

将整个墙面设计成书柜，作为书桌后的背景，侧面的开窗使自然光线均匀投射到书桌上，清晰明朗，采光性强，但取书时需转身，配备一把转椅。

√ 适用空间：面积小、面积大的书房   **√ 适用装修档次：经济型装修、中等装修**

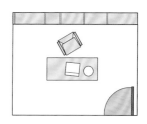

布局示意图

中式实木书桌   开放式实木书柜

嵌入式书柜   造型书桌

实木书桌   封闭式书柜

实木书桌   组合式书柜

TIPS ▶ 书房书桌、书柜的尺寸

靠墙布置书柜与书桌，需要预留出580~730mm 左右的通道，书柜的高度不能超过 1830mm，否则拿取书籍比较困难。书桌的高度约为 730~760mm，这是比较舒适的工作高度。

① 书柜与书桌之间的距离约为 580~730mm

② 书柜的高度不能超过 1830mm   ③ 书桌的高度约为 730~760mm

二、书房的顶地墙设计

1. 顶面设计不能过于繁杂

书房的吊顶宜简不宜繁、宜薄不宜厚。做独立吊顶时，吊顶不能与书柜离得太近，否则，会给人以压抑感。书房吊顶色彩以统一、和谐、淡雅为宜，对局部的颜色搭配应慎重考虑，若对比过于强烈会分散人的注意力，影响阅读和学习。

石纹墙砖　　　　　　装饰线

平面吊顶　　　　　　实木简约书桌

平面吊顶　　　　　　置物搁板

嵌入式书柜　　　　　　石膏板吊顶

TIPS ▶ **多功能书房设计不能过于呆板**

　　一般情况下，中小型住宅中无法设置单独的书房，因此，会将书房与其他功能空间合并，成为多功能书房，此时，书房设计最重要的是具有兼容性，不能布置得过于呆板。

2. 地面设计最好能降低噪声

书房地面可以选择较为温和的木地板、瓷砖、天然石材，也可以选择视觉效果较为纯净的地毯，但具体的款式、色彩还是根据风格定位来决定。但是为了保证书房的环境安静，使用的地面材料最好能降低噪声，或是使用不会产生太大声响的材质。

▷ 书房的面积较大、层高较高，墙面、地面均使用石材，以营造出优雅、大气的氛围。整墙式书架，融入中式镂空造型，错落摆放的工艺瓷器增强了风格感。

石材墙砖   实木长桌   嵌入式书架   大理石地砖

▷ 书房以黑色为主要色彩，给人冷静、理性的感觉，为了避免黑色给人带来沉闷感，可选择带有通透感的材质来弱化沉闷感，釉面的地砖、玻璃书柜门无形中为书房增添了更加吸引视线的装饰效果。

玻璃推拉柜门   釉面地砖

实木地板   实木书桌

实木复合地板   金属书桌

3. 墙面设计以宁静、和谐为主

书房墙面的设计应该以宁静、和谐为主旋律。材料的选择范围很广，任何色彩、图案、冷暖色调的涂料、壁纸均可使用。需要注意的是，面积较小的书房，材料选择的范围相对小一些，小花、偏暖色调、浅淡的图案较为适宜。同时，设计时要考虑墙面材质与家具材质和其他饰品材质的搭配，以彰显整体配置的美感。此外，书房是一个讲求安静和独立的空间，在做空间分隔设计时，也应考虑这一点。除了半隔断墙面，也可以利用玻璃进行分隔，这样既可以有效分隔空间，又可增强空间的私密性和开放性。

书写涂料墙面　　　　　　个性墙板

纯色乳胶漆墙面　实木书桌

红砖墙　　　　　复古实木书桌

玻璃隔断　　独立式书桌

三、书房的软装搭配

1. 选择书桌应结合书房格局考虑

选择书桌时，建议结合书房的格局来考虑。如果书房面积较小，可以考虑定制书桌，其不仅具有强大的收纳功能，还可以最大限度地节省和利用空间；如果书房面积较大，独立的整张书桌则更便于使用，整体感觉更大气。

01 **单人书桌**

书房的空间有限，所以，单人书桌应以方便工作、容易找到经常使用的物品等使用功能为主。

▷ 对于面积较小的书房，可以选择单人书桌，这样不会让空间显得过于拥挤。内嵌式书柜不会占用太大空间，开放柜隔的设计不会显得沉闷，还能摆放工艺摆件。

装饰画　　　单人书桌　　　嵌入式书柜　　　透光纱帘

02 双人书桌

双人书桌可以同时供两个人学习或工作，并且互不干扰。不同品牌和不同样式的双人书桌尺寸各不相同，可以根据自身需要进行调整。

砖砌双人书桌　　　刨花板书柜

▷ 一张长桌既可供多人同时使用，又能节省空间，一举两得。可移动的抽屉柜将两个座位分开，彼此之间互不打扰。

实木双人书桌　　　实木吊柜

雕花双人书桌　　　置物架柜

金属镶边书柜　　　铆钉扶手椅

03 现场定制书桌

　　很多小书房是利用阳台等角落空间设计的，就很难买到合适尺寸的书桌和书柜，现场制作是一种不错的选择。如果书房选择现场制作书桌，可以考虑在书桌下设计几个抽屉，这样可以收纳一些书写时随时要用到的零散物品。需要注意的是，抽屉不能太高，否则会导致书桌底下没有足够的高度放腿。

皮质转椅　　　　　　　定制拐角书桌

定制悬空书桌　　　　　内嵌式书柜

定制多功能书桌　天鹅绒圆凳

定制悬空书桌　　　　　开放式书柜

定制书桌　　　　　内嵌半开放式书柜

定制书桌　　　　　　不规则书柜

04 悬空面板代替书桌

靠墙悬空一块台面板作为写字桌，会使整个空间看起来比较宽敞。但需要注意的是，这种悬空的台面板最好不要太长，否则会出现弯曲的现象。因此，建议使用双层细木工板，以保证使用寿命。

休闲椅　　　　　百叶帘　　　　吊柜　　　　悬空面板书桌

悬空面板书桌　　　　墙面收纳板

嵌入式书柜　　　　悬空面板书桌　　　　　　　搁板架　　　　　　悬空面板书桌

2. 书柜造型取决于空间大小和使用需求

书柜造型的选择，主要看书房的大小和居住者的需求，一般常见的书柜造型有三种：一字形、不规则、对称式。

01 **一字形书柜**

造型简单，由同一款式的柜体单元重复组合而成。这样的设计通常比较大气稳重。适用于比较大、开放的空间，可彰显居住者的文化品位。

▷ 靠墙摆放一字形书柜，不会占用太大空间，白色柜门的设计看上去既个性又能保持室内整洁。

一字形半开放式书柜　　　　　　　无色系书桌

一字形半开放式书柜　　　　直线条书桌

一字形开放式书柜　　直线条原木书桌

实木书桌　　　　一字形开放式书柜

02 不规则书柜

造型个性，常由隔板、柜块组合成不规则的形状。这样的设计比较新颖、现代化，适合藏书数量不多，追求个性氛围的空间。

▷ 不规则书柜给人眼前一亮的感觉，传统沉闷印象的书房也变得具有个性。金属台灯与金属书桌相呼应，展现出现代风格的书房风貌。

金属台灯　　不规则书柜　　长绒地毯　　金属书桌

不规则书柜　　石材面书桌

不规则书柜　　实木书桌

强化地板　　不规则书柜

03 对称式书柜

书柜通常有一个中轴线，呈左右对称。这个中轴线多数情况下是一张书桌，也可以是柜体本身。对称式书柜常被用于小空间中，以提高空间的利用率。

金属框架对称书柜　　　皮质拉扣座椅

圆形墙面造型　　　隔断式对称书柜

嵌入式对称书柜　　　实木书桌

嵌入式对称书柜　中式水墨画

TIPS ▶ **书柜不做到顶以方便拿取**

　　书柜做到顶不便于拿取和收纳，因为超出了人体工学的便利性范围，但如果藏书量大，书架至顶就很有必要，但必须依照使用性质进行分类摆放。通常最上层放置不常用的书籍，只能作为收藏或储物使用。

3. 装饰画搭配注意把握好"静"和"境"

　　书房装饰画主题内容的动感应较弱，同时色调的选择也要在柔和的基础上偏向冷色系，以营造出"静"的氛围。配画构图应有强烈的层次感和拉伸感，在增强书房空间感的同时，也有助于缓解眼部疲劳；题材内容除了具有协调性、艺术性，还要偏向具有浓厚历史文化背景的主题，以达到"境"的提升。

黑白风景装饰画　　板式实木书桌

花卉题材组合画　　欧式雕花座椅

卡通主题装饰画　　　　　组合式书桌柜

建筑摄影画　　动物皮毛地毯

TIPS ▶ **书房的装饰画数量不宜过多**

　　　书房是个安静而富有文化气息的功能区，书房里的装饰画数量一般为2~3幅，尺寸不要太大，一般悬挂在书桌上方和书柜旁边的墙面上。

四、书房的照明组合

　　书房灯具一般应配备整体照明用的吊灯、壁灯和局部照明用的写字台灯。此外，还可以配一盏小型床头灯，可安置于组合柜的隔板上，也可放在茶几或小柜上。另外，书房灯光应单纯一些，在保证照明度的前提下，可搭配乳白或淡黄色壁灯与吸顶灯。

01 整体照明建议使用间接照明方式

　　考虑到书房是读书的场所，而视觉工作最重要的是光线的均匀度，因此可以采用配光范围较宽的筒灯或吸顶灯。房间整体的照度，一般保持在 100lx 左右。桌面的照度，用于学习时大约为 750lx；使用电脑的话照度在500lx 左右，玩游戏等照度在 200lx 左右。

实木圆凳　造型吊灯

柜下灯　　　　　　　半开放式书柜

仿旧实木书桌　　　多头吊灯

落地灯　　　　　　台灯

台灯　　　　　　实木书桌

02 点光源足够，书房可以不要主光源

书房不像客厅或餐厅等空间，需要华丽的主灯来渲染空间气氛。其对照明的美观度要求不高，相反地，书房应营造静谧、舒适的氛围。基于这一要点，书房可以不要主光源，而用台灯、落地灯以及筒灯、射灯来代替吊灯、吸顶灯，将照明的光源更多地集中在书桌上。

台灯　　　　　　　　筒灯组合

▷ 书房将筒灯作为一般照明，可以保证顶部的简洁感，落地灯、台灯作为辅助照明，可以根据使用需求进行移动。

筒灯组合　　　　　　　　圆形漫射台灯

可折叠落地灯　轨道射灯

实木茶桌　　　　柜下式灯带

第七章 厨房

除了传统的烹饪食物，现代厨房还具有强大的收纳功能，不仅能收纳食材、副食品，还可收纳与餐饮有关的餐具、酒具以及各种烹饪设备与电器。同时，厨房也是家庭成员交流、互动的场所，他们可以在烹饪和进餐的过程中，达到与家人交流感情、丰富生活乐趣的目的。

一、厨房的平面布局

1. 一字形适用于小开间厨房

在厨房一侧布置橱柜等设备，功能紧凑，能营造烹调所需的空间，以水池为中心，在左右两边分别操作，适用于开间较小的厨房。

√ **适用空间：面积小的厨房**　　　　√ **适用装修档次：经济型装修**

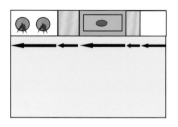

布局示意图

木纹橱柜　　　　　水泥板地砖

实木餐桌椅　　　　　晶刚门板

强化地板　　　　　黑色整体橱柜

TIPS ▶ **一字形布局适用情况**

采用一字形布局的厨房，开间净空一般在 1.6~2m，适用于与厨房入口相对的一边嵌套服务阳台而无法采用 L 形布置的，只能单面布置橱柜设备的狭长形厨房。

2. 二字形可重复利用走道空间

沿厨房两侧较长的墙并列布置橱柜，将水槽、燃气灶、操作台设在一边，将配餐台、储藏柜、冰箱等电器设备设在另一边。这种方式可重复利用厨房走道空间，提高空间的利用率，较为经济。

√ **适用空间：面积小、面积大的厨房** √ **适用装修档次：经济型装修、中等装修**

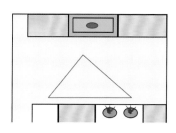

布局示意图

白色亚克力门板　　　釉面石纹地砖

木地板　　　灰色亚克力门板

强化地板　　　欧式吸塑门板

木纹橱柜　　　釉面墙砖

木纹亚克力门板　　　拼花地砖

3. L 形符合厨房操作流程

　　将台柜、设备在相邻墙上连续布置，一般将水槽设在靠窗台处，而灶台设在贴墙处，上方挂置抽油烟机。这种形式较符合厨房操作流程，水槽到灶台之间使用 L 形台面连接，转角浮动较小，结构紧凑，一般用于长宽相近的封闭式厨房。

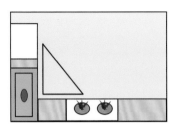

布局示意图

√ **适用空间：面积小、面积大的厨房**

√ **适用装修档次：经济型装修、中等装修**

实木橱柜　　　　　　　　石材台面

亚光地砖　　　　　　　　吸塑门板

白色吸塑门板　　　　　　石英石台面

无把手橱柜　　　　　　　小规格墙砖

TIPS ▶ **L形布局适用情况**

　　采用这种布局的厨房，开间一般在 1.6~2m，适用于厨房入口在短边且没有嵌套服务阳台，或者入口在长边但在短边嵌套服务阳台的狭长形厨房。

4. 岛式适合多人参与厨房操作

岛式厨房一般是在一字形、L 形或 U 形厨房的基础上加以扩展，中部或者外部设有独立的工作台，呈岛状。中间的岛台上设置水槽、炉灶、储物或者就餐桌和吧台等设备。

√ **适用空间：面积大的厨房**

√ **适用装修档次：中等装修、豪华装修**

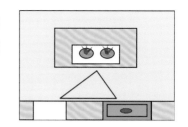

布局示意图

黑色岛台　　　　　　白色亚克力橱柜

釉面绿色墙砖　　　　欧式吸塑门板

做旧实木岛台　　　　欧式吸塑门板

白色吸塑门板　　　　石英石台面

TIPS ▶ **岛式布局适用情况**

岛式平面布局在中小套型厨房中较为少见，多见于大套型厨房中，且多用于餐厨合一式厨房和敞开式厨房。

5. U 形拥有较长操作台面

U 形厨房是双向走动、双操作台的形式，利用三面墙安装橱柜及设备，相互连贯，操作台面长，储藏空间充足，橱柜围合而形成的空间可供使用者站立，左右转身灵活方便。一般适用于面积较大、长宽相近的方形厨房。

√ 适用空间：**面积大的厨房**   √ 适用装修档次：**中等装修、豪华装修**

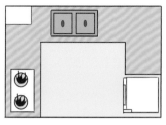

布局示意图

石英石台面   欧式吸塑门板

烤漆门板   石纹墙砖

釉面砖   木纹烤漆门板

木纹亚克力门板   白色亚克力门板

欧式吸塑门板   实木复合地板

6. T形更适合敞开式厨房

在 U 形的基础上改制而成，将某一边贴墙的橱柜向中间延伸形成一个台柜结构，此结构可作为灶台或餐台，其他方面与 U 形基本相似。一般用于面积较大的敞开式厨房，又称餐式厨房。

√ 适用空间：面积大的厨房　　　　√ 适用装修档次：中等装修、豪华装修

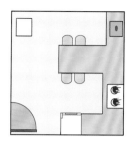

布局示意图

黑色吸塑门板　　　　金属岛台

无把手橱柜　　　　强化地板

仿古墙砖　　　　石英石台面

亚光地砖　　　　亚克力橱柜

亚克力吊柜　　　　石英石台面

二、厨房的顶地墙设计

1. 顶面设计注重安全性

厨房顶面材质首先要具有防火、抗热的功能。对于油烟较重的厨房而言，防火的塑胶壁材和化石棉是不错的顶面设计材料，设计时须达到通风及隔音效果。

水泥灰顶面

吸塑门板

实木地板

不锈钢橱柜

△ 厨房的整体风格为硬朗的工业风格，所以顶面不做任何造型，仅以灰色油漆涂刷来强化硬朗感，橱柜的色彩和用料均使用偏个性的灰色和不锈钢材质，可以很好地塑造出工业感。

实木饰面板造型　　木纹亚克力门板

平顶造型　　亚克力橱柜

2. 地面设计耐脏耐磨

　　厨房的地面最好使用防滑、易于清洗的陶瓷块材；另外，人造石材价格便宜，具有防水性，也是厨房地板的常用建材。厨房地面设计的实用性和使用感要大于装饰性，要以方便清洁和不易脏为主。

▷ 厨房的色彩不宜过多，仅用黑白两色搭配，也能达到不错的设计效果，如果担心黑白搭配有些单调，可选择多边形地砖，增添一些变化感。

多边形地砖　　　　　　黑白色墙砖

▷ 开放式厨房由于一直呈现开放的状态，因此，其的地面设计最好与其他空间一致，这样整体看上去才不会有割裂感。为了增强空间的装饰性，可以选择比较吸引人眼球的花砖，给人眼前一亮的感觉。

花砖　　　　　实木门板

▷ 厨房地砖必须耐磨、耐脏，但是地砖的种类、花色非常多，可以根据室内整体装饰风格来选择。亚光的石纹地砖简单大方，非常适合简约、现代等装饰风格。

实木门板　　　　　　　亚光石纹地砖

3. 墙面设计要兼备安全性与装饰性

厨房的墙面设计材料以方便、不易脏、耐水、耐火、抗热、表面柔软，又具有视觉效果为佳。PVC 壁纸、陶瓷墙面砖、有光泽的木板等，都是比较合适的材质。但要注意的是，在设计上，首先要考虑安全问题。另外，也要有助于减轻操作者劳动强度、方便使用。

01 墙砖以亮光、浅色为主

厨房一般用亮光、浅色的墙砖，因为厨房应给人干净、整洁、愉悦的感觉，太深的颜色显得有些压抑。如果考虑用亚光设计墙面的话，最好选用表面是平面的，不要选用表面带有凹凸感的类型，因为非常不便于擦洗。

木纹门板　　　　白色石纹墙砖

欧式吸塑门板　　　　白色亚光墙砖

木纹门板　　　　白色亚光墙砖

无把手橱柜　　　　灰色石纹墙砖

木纹亚克力门板　　　　深灰色石纹墙砖

釉面小方砖　　　　吸塑门板

02 以小面积花砖调节气氛

可以用花式瓷砖来点缀平淡的厨房墙面，为下厨营造愉悦、活泼的气氛。一般来说，花砖的主要作用就是增强效果，烘托气氛，一般，小面积点缀即可，如果太多就会显得很累赘，给人眼花缭乱、杂乱无章的感觉。花色以图案鲜艳，能很好地营造厨房的气氛为主。

黑白花砖　吸塑门板　石英石台面

▷ 厨房整体色调为米白色，相较于纯白色的极致简约感，米白色多了一点儿温馨的洁净感，在墙面上点缀小面积的花砖，在降低白色系单调感的同时，又营造了空间气氛。

彩色亚光方砖　吸塑门板

彩色釉面方砖　吸塑门板

马赛克墙砖　亚克力门板

三、厨房的软装搭配

1. 整体橱柜个性化程度更高

现代厨房设计大多用橱柜、电器、燃气具、厨房功能用具四位一体组成的整体橱柜，相比于一般橱柜，整体橱柜的个性化程度更高，厂家可以根据不同需求，设计出不同的成套整体厨房橱柜，以实现厨房工作每一道操作程序的整体协调。

灰棕色整体橱柜　　　水泥灰地砖

白色墙砖　　　灰色整体橱柜

无色系地砖拼接　　　白色整体橱柜

深棕色整体橱柜　　　米棕色墙砖

TIPS ▶ 厨房布局要有充分的活动空间

厨房布局是顺着食品的贮存和准备、清洗和烹调这一操作过程安排的，应沿着三个主要设备即炉灶、冰箱和洗涤池组成一个三角形。因为这三个功能通常要互相配合，所以要安置在最合宜的距离以节省时间人力。这三边之和最好 3.6~6m 之间，过长和过短都会影响操作。

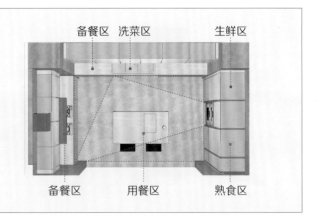

备餐区　洗菜区　　　　生鲜区

备餐区　　　用餐区　　　熟食区

2. 装饰画画面应明快

　　厨房是烹饪的地方，很容易使人产生枯燥沉闷的感觉，适合选择配色明快、较为活泼的装饰画。由于油烟较多，材质应选择容易擦洗、不宜受潮的油画或玻璃画等，数量 1~2 幅即可。

色彩鲜艳的动物题材装饰画　　　　　　白色吸塑门板　　　水果题材装饰画

海星装饰画　　　　　　地中海风家具　　　　　　　　　餐具主题装饰画　　实木整体橱柜

TIPS ▶ **厨房装饰画可以选择贴近生活的题材**

　　　　厨房装饰画应选择贴近生活的画作，例如小幅的食物油画、餐具抽象画、花卉图等，描绘的情态最好是比较温和沉静、色彩清雅的。也可以选择一些以饮食文化为主题的装饰画，给人以比较积极、活泼的感觉。

3. 工艺摆件选择防火防潮材质

选择厨房工艺摆件时要尽量选择有一定实用性的，即在美观基础上，所选材质既要便于清洁，又要防火和防潮。玻璃、陶瓷类的工艺摆件是首选，容易生锈的金属类摆件尽量少选。

实木橱柜　　　　　　　餐盘摆饰

烛台摆饰　　　亚克力门板

动物造型摆件　　　　　拼接地砖

玻璃印花门板　　　　　装饰罐

白色吸塑门板　　几何造型摆件

4. 花卉绿植选择适应性强的类型

厨房是整个居室中最具功能性的空间，花卉绿植装饰能够缓解单调感与乏味感，使人减缓疲劳，以轻松的心情进行烹饪。表面容易清洗的花器最适合摆放在厨房中，花卉的色彩尽量以清新的浅色为主。

雕花岛台　　　迎春花装饰

直立式装饰花　　　不锈钢台面

石英石台面　　　垂吊绿植

TIPS ▶ **花卉绿植避免放在火源旁**

厨房花艺绿植的布置首先不能影响正常操作活动，其次才考虑其装饰效果。在布置时要注意安全问题，摆放时要远离灶台、抽油烟机等位置，以免受到高温的影响。

四、厨房的照明组合

厨房中优良的显色性对辨别肉类、蔬菜、水果的新鲜程度至关重要。设计时，以暖色光为主，灯具亮度应相对较高，给人温暖、热情的视觉印象，提高人们的劳动积极性，提高制作美食的热情度，增加幸福指数。

01 敞开式厨房灯具应兼顾装饰性

敞开式厨房中，往往设计吧台或者岛台，并且在吊顶设计会采用石膏板或纯木材等材料。因此，灯具的设计就不再是简单的集成吸顶灯，而会相应地搭配吊灯、射灯以及筒灯，以突显出厨房的光影变化。

多头装饰吊灯　　　　　雕花顶面造型　　　　装饰花艺

02 封闭式厨房灯具应尽量简洁

封闭式厨房内经常炒菜，通风性较差，会产生大量的油烟，若灯具的造型繁复，上面落满油烟会难以清洁，并影响照明效果。因此，这类厨房中，灯具越简洁就越实用。

无把手橱柜　　　　内嵌式筒灯　　　　　　发光顶棚　　木纹门板

石英石台面　宽光束筒灯　　　　　　黑色吸塑门板　　　　内嵌式筒灯

03 厨房除主灯外，还要添加辅助灯具

厨房涉及做饭过程中繁杂且有一定危险性的工作，所以可以采用主灯和辅助灯具结合的方式来保证照明充足。用功率较大的吸顶灯来保证总体上的亮度，然后按照厨房家具和灶台选择局部照明用的壁灯和照亮工作面的、高低可调的吊灯。

多头吊灯　　筒灯组合　　　　　　柜下灯

▷ 餐厨一体的空间，除了在餐桌上方安装吊灯以保证餐桌的照度，在橱柜前面的顶面最好均匀地排布筒灯，从而保证均匀的照度。

筒灯组合　　　　　　装饰吊灯

组合吊灯　　　筒灯

内嵌式筒灯　　轨道筒灯

第八章 卫浴间

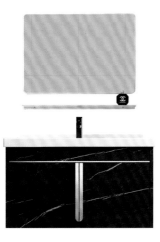

现代家庭的卫浴间已经远远不只是满足居住者如厕、沐浴的基本需求，卫浴间的设计理应朝着文明、舒适、高科技的方向发展，给居住者创造优质的生活空间。

一、卫浴间的平面布局

1. 兼用型适合小空间设计

兼用型卫浴间是将洗手盆、便器、淋浴或浴缸放置在一起，这样，管道布置简单，相对来说经济实惠，且所有活动都集中在一个空间里，动线较短。但这种方式储物能力较差，不适合人口多的家庭使用。

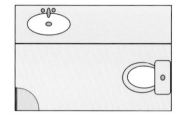

布局示意图

√ **适用空间：面积小的卫浴间**　　　√ **适用装修档次：经济型装修**

多边形淋浴间　　　　　壁挂式洗漱柜

深色洗漱柜　　　　多边形淋浴间

百叶帘　　　白色系墙砖　　　　一字形淋浴间　　　石英石台面

TIPS ▶ **小型卫浴间的布局原则**

　　小型卫浴间是指面积在 $3\sim4m^2$ 的卫浴间，其布局的原则是各功能模块以紧凑、舒适、合理为原则，在满足人体工学所需最小尺度的条件下，使家庭成员都能方便、高效、舒适地使用卫浴间。

2. 折中型节省空间，组合方式自由

折中型卫浴间是指空间中的基本设备相对独立，但有部分合二为一。相对来说，这种设计经济实惠、使用方便，不仅节省空间，组合方式也比较自由。

√ **适用空间：面积大的卫浴间**　　　√ **适用装修档次：中等装修、豪华装修**

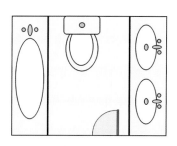

布局示意图

壁挂式坐便器　　　　独立式浴缸

嵌入式浴缸　　　　一体式坐便器

独立式浴缸　　　　双台上盆

一体式坐便器　　　　碗状洗脸盆

独立式浴缸　　　　镜面柜

独立式浴缸　　　　台上盆

3. 独立型可满足同时使用的需求

独立型卫浴间中的盥洗、浴室、厕所分开布置，各个空间可以同时使用，在使用高峰期避免相互之间的干扰，各区域分工明确，比较适合人口较多的家庭。

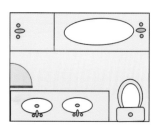

布局示意图

适用空间：面积大的卫浴间　　　　**适用装修档次：中等装修、豪华装修**

独立式浴缸　　　　　壁挂式洗漱柜　　　　　壁挂式洗漱柜　　　　　壁挂式坐便器

独立式浴缸　　　　　　　壁挂式洗漱柜　　　　　　多边形淋浴间

一字形淋浴间　　　　落地式洗漱柜　　　　　一字形淋浴间　　　　壁挂式洗漱柜

二、卫浴间的顶地墙设计

1. 顶面设计以简洁、防潮为主

卫浴间相较于其他空间比较狭小，且顶面上一般有水管与排污管，属于非常潮湿的区域，因此，顶面材料一般选择铝扣板或者防水石膏板。铝扣板安装方便，防水性能好，造价较便宜，一般是中小型住宅的选择；防水石膏板能制作一定的造型，也有一定的防水功能，常用于一些欧式或中式风格设计中。卫浴间毕竟是相对较小的空间，且由于沉箱的空间压占，一般层高比较低，所以也不适合设计太复杂的造型与层次。

01 传统类风格

▷ 传统类风格的卫浴间设计以优雅精致为主，因此吊顶设计可以稍微复杂一些，黑色装饰线的设计，可以给人大气、富贵的感觉，但又不会给空间增添拥挤感。

镂空设计洗漱柜　　　　花纹壁纸　　　　　　　　　装饰线

02 现代类风格

下沉式浴缸　　　　平面吊顶

直线条洗漱柜　　　　平面吊顶

壁挂式洗漱柜　　　　平面吊顶

内嵌式浴缸　　　　平面吊顶

03 古典类风格

多层吊顶　　　拼花地面

欧式卷帘　　　多层吊顶

多层吊顶　　　欧式雕花洗漱柜

多层吊顶　　　复古壁灯

2. 地面材料需防潮防滑

　　卫浴地面若以舒适为主要考量，地毯是最受欢迎的选择；但为了抗潮湿，最好采用专为浴室设计的有橡胶底板的地毯。另外，将卫浴从地板到吊顶的墙面都砌上瓷砖，也是不错的选择。但在选购时，务必确定瓷砖、地板具有防滑设计。

马赛克地砖　　　混纺地毯 　　　　　　　　长绒地毯　　　釉面地砖

壁挂式坐便器　　　拼花地砖 　　　　　　　复古花砖　　　白色小方砖

> **TIPS** ▶ **卫浴间地面建议采用通体砖**
>
> 　　卫浴间属于洗漱区域，最重要的就是要防潮，一般建议采用通体砖，而亚光面或有浅凹凸造型的地砖，可以增加摩擦力，以达到防滑效果。

3. 墙面设计着重于防水设计

卫浴间的墙面也是重点防水对象，所以墙面材质多采用防水、易清洁的瓷砖、大理石或者马赛克瓷砖，具体的铺贴方式可根据地面、顶面的色彩搭配。若整体采用欧式、美式的设计风格，墙面可采用腰线拼贴的方式来呼应整体效果；若整体是现代风格的设计，则墙面可采用大块面的铺贴方式，或者利用相同材质的不同肌理来形成细节上的变化。

镜面柜　　　　大理石台面　　　　水泥灰墙砖

▷ 墙面使用了两种不同的材料进行搭配，浴缸区域墙面使用防腐木装饰，其他区域使用石纹墙砖装饰，视觉上将不同区域划分开，但又不破坏整体风格。

仿腐木饰面　　　　石纹墙砖

釉面墙砖　　　　壁挂式坐便器

木饰面　　　　独立式浴缸

三、卫浴间的软装搭配

1. 台下盆令空间更整洁

在卫浴间的洗面盆设计中，为了突出空间的极简设计风格，一般在卫浴间选择台下盆。从空间上看，洗手台的平面上是简洁而干净的，并且使用起来也极为方便。但设计时需要注意的是，台下盆容易藏污纳垢，因此接缝处一定要处理好，以便长久使用。

▷ 卫浴间整体设计偏现代风格，墙地面的地砖营造了简约的氛围，而台下盆可以保持平面上的整洁感，不会打破空间线条的平直感。

双台下盆　　　　　　　　　　　石纹地砖

台下盆　　拼花地砖

台下盆　独立式洗漱柜

TIPS ▶ **安装台下盆时需要先根据尺寸安装托架**

　　台下盆对安装工艺要求较高，首先需按台下盆的尺寸定做台下盆安装托架，然后将台下盆安装在预定位置，固定好支架再将已开好孔的台面盖在台下盆上并固定在墙上，一般选用角铁托住台面，然后与墙体固定。

2. 精致台上盆为生活增添趣味

如果喜欢别出心裁的设计，不想让卫浴间过于平庸，可以选用具有独特花纹与质感的台上盆，其风格感更强，与墙地面色彩更加融合。

碗状台上盆　　　　　石英石台面

装饰台上盆　　　　　马赛克墙面

多色墙砖　　　方形台上盆

雕花台上盆　　　木饰面板

TIPS ▶ **卫浴间台上盆安装简便**

台上盆安装方便，台面不易脏，样式多样，装饰感强，台面上可放置物品，注意盆与台面衔接处的处理，若处理不好则容易发霉。

3. 特殊样式的水龙头更具韵味

卫浴间可以设计成自己喜欢的样式，同时，水龙头也可以告别传统样式。选择一个和整体装饰材质相统一的、造型别致的水龙头，更能展现品位。

黄铜水龙头　　　　　　　　花砖　　　　　　　　壁挂式洗漱柜　　不锈钢水龙头

独立式洗漱柜　复古水龙头　　　　　　　　　　面盆水龙头　镜面柜

4. 窗帘应易于清洗且能保障私密性

　　卫浴间较为潮湿，很容易滋生霉菌，因此窗帘款式应以简洁为主，好清理的同时也要易拆洗，尽量选择防水、防潮、易清洗的布料，特别是那些经过耐脏、阻燃等特殊工艺处理的布料。同时，卫浴间也是比较私密的空间，因此，窗帘可以选择遮光性较好的材质，同时具备一定的防水功能。

罗马帘　　　　　　弧形洗漱柜

内嵌式浴缸　纱帘

罗马卷帘　　　内嵌式浴缸

壁挂式坐便器　　百叶帘

卷帘　　石纹地砖

5. 装饰画需要考虑防水防潮

　　卫浴间的装饰画需要考虑防水防潮的问题，如果干、湿分区，则可在湿区挂装裱好的装饰画，干区建议悬挂无框画，因为水墨画、油画都不太适合湿气重的卫浴间。装饰画内容以清心、休闲和时尚为主，也可以选择诙谐个性的题材，色彩上应尽量与地面、墙面的色彩相协调，面积不宜太大，数量也不用太多，点缀即可。

▷ 卫浴间干区选择题材活跃、色彩丰富的画作来装饰，不会影响整体洁净的感觉，又能给人以活跃感。

动物题材画作　　独立式浴缸　　石纹墙砖

壁挂式洗漱柜　　黑白装饰画

中式水墨画　　独立式浴缸

6. 挂镜应具有装饰性

　　镜子作为卫浴间的必需品，功能作用占据主导地位，但其也有不俗的装饰效果。镜子不仅可以在视觉上延展空间，也会让光线不好的卫浴间的明亮度得到提升。卫浴间中的镜子通常悬挂在盥洗区，美化环境的同时方便整理仪容，在注重收纳功能的小户型住宅中，挂镜通常以镜柜的形式出现。

圆形台下盆　圆形挂镜

独立式洗漱柜　曲线形挂镜

陶瓷立柱盆　　　　方形挂镜

多边形挂镜　　　描金洗漱柜

TIPS ▶ **不同形状的挂镜特点不同**

　　方形挂镜特点是简单实用，覆盖面较广，甚至可以照到整体仪容，容易与周围环境融为一体；圆形挂镜有正圆形和椭圆形两种，往往只能照到脸部，有的可以照到上半身，造型上经常配有镶边，材质多为金属或塑料；多边形挂镜棱角分明，具有线条美；曲线形挂镜造型活泼，风格独特。

7. 地毯兼备吸水和装饰作用

由于卫浴间比较潮湿，放置地毯主要是起到吸水功效，所以尽量选择棉质或超细纤维地垫。同时，一块色彩明艳的地毯，可以为单调的卫浴间增色不少。

▽ 卫浴间的地毯尺寸不用太大，在湿区前面摆放一块，可以避免在淋浴、泡澡结束时将水带入干区，造成地面湿滑。地毯的选择应与卫浴间的家具设备、其他软装相呼应，从而实现更好的整体感。

米白色纯棉地毯　　内嵌式浴缸　　　　　白色花艺　　　白色陶瓷台面

8. 工艺摆件不宜过多，其材质应防潮

　　卫浴间的水汽和潮气很多，所以通常选择陶瓷和树脂材质的工艺摆件，这样不但不会因为受潮而褪色变形，而且清洁起来也很方便。除了一些装饰性花器、梳妆镜，比较常见的摆件是洗漱套件，其既具有美观出彩的设计，又可以满足收纳需求。

香薰烛台　　不锈钢纸巾盒

镜面柜　　洗漱套件

装饰花艺　　香薰组合

香薰组合　　洗漱套件

洗漱套件　　流苏挂绳

烛台　　复古花器

9. 花艺选择小巧造型为佳

卫浴间的花艺布置应彰显整洁安静的格调，宜搭配造型玲珑雅致、颜色清新的花艺，在宽大的镜子的映衬下，能让人精神愉悦，更能给人以清爽洁净的感觉。如果卫浴间墙面空间比较大，可以在墙上插一些壁挂式花艺，以点缀、美化空间。

棕瓶花艺　　　　　　圆形挂镜　　　　　玻璃瓶花艺　实木洗漱柜

垂吊花艺　个性立柱盆　　　　　鲜艳色彩花艺　灰色石纹墙砖

四、卫浴间的照明组合

卫浴间的照明设计除了一般照明要有充足的照度，最重要的是镜前的照明设计，要能看清人脸，避免产生阴影。

1. 高照度的镜前灯

镜前照明需要满足三个要点：一是能提供充足的垂直面照明（300lx 为宜）；二是光源的显色指数达到 95 以上；三是能调节色温，以提供符合场景的光色。例如，早上化妆的人最好选择与室外光线相近的色温（5600~6000K），这样画出的妆更自然；晚上化妆的人可以选择与餐厅、酒店相接近的色温（2700~3500K），以使妆效更美丽。

暖光筒灯　　　　　石英石台面

壁挂式洗漱台　上置式镜前灯

内嵌式镜前灯　　　石材墙砖

下置式镜前灯　嵌入式洗漱台

2. 根据卫浴面积搭配合适的灯具

　　面积小的卫浴间应把灯具安装在天花板正中央，这样可达到光芒四射扩大空间的效果；面积大的卫浴间可安装局部灯，来进行局部照明。可在浴盆和洗脸盆上方安装下照灯，并在镜子周围安装化妆灯，从而营造出高雅和温馨的氛围。卫浴间镜子的照明灯具应安装在眼睛以上的位置，且应左右对称布置。

镜前灯　　　　　　　壁挂式洗漱台

壁挂式坐便器　　　　筒灯

筒灯　　灯带

吊灯　独立式浴缸

TIPS ▶ **卫浴间照明以柔和为主**

　　卫浴间以柔和的光线为主，灯具本身要具有良好的防水功能、散热功能，材料以塑料和玻璃为佳，以便于清洁。卫浴间虽然面积不大，但由于家具设备较多，所以难免有主灯照射不到的地方，因此非常有必要增加一些辅助灯光。